U0936134

编委会

基于遥感的银川市城区热环境变化分析

张晓东 主编

孙变变 赵银鑫 副主编

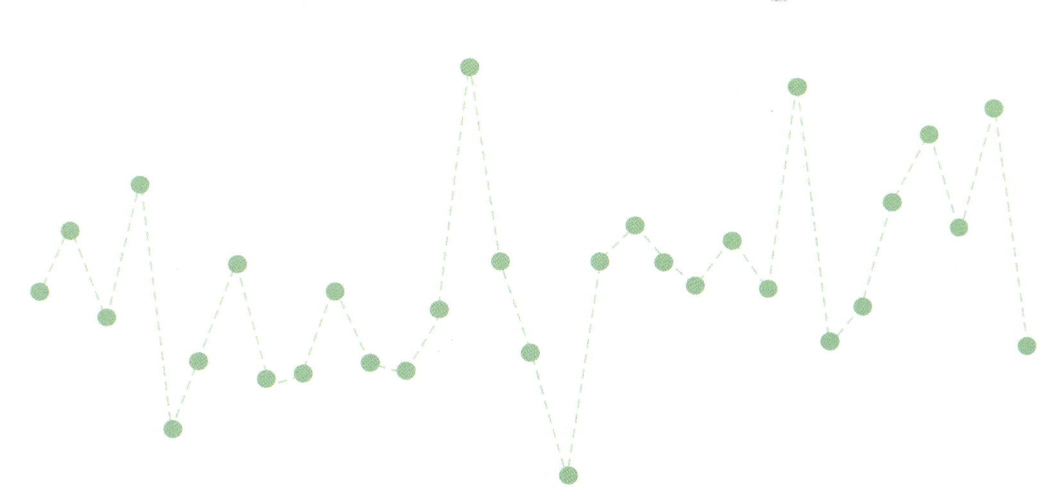

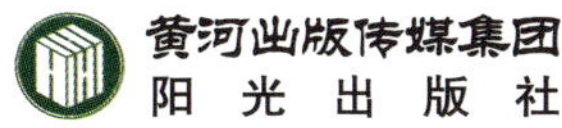

图书在版编目(CIP)数据

基于遥感的银川市城区热环境变化分析 / 张晓东主编；孙变变，赵银鑫副主编. -- 银川：阳光出版社，2021.12

ISBN 978-7-5525-6028-2

Ⅰ.①基… Ⅱ.①张… ②孙… ③赵… Ⅲ.①城市环境－热环境－环境遥感－研究－银川 Ⅳ.①X21

中国版本图书馆CIP数据核字(2021)第256226号

基于遥感的银川市城区热环境变化分析　张晓东 主 编　孙变变 赵银鑫 副主编

责任编辑 申 佳
封面设计 赵 倩
责任印制 岳建宁

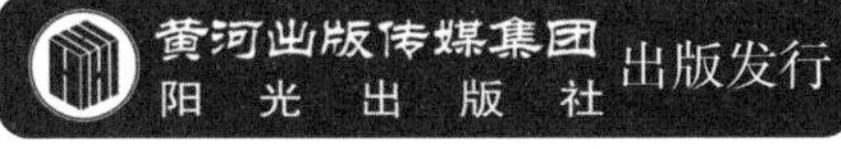

出 版 人 薛文斌
地 址 宁夏银川市北京东路139号出版大厦(750001)
网 址 http://www.ygchbs.com
网上书店 http://shop129132959.taobao.com
电子信箱 yangguangchubanshe@163.com
邮购电话 0951-5047283
经 销 全国新华书店
印刷装订 宁夏凤鸣彩印广告有限公司
印刷委托书号 (宁)0022480

开 本 720 mm×980 mm 1/16
印 张 11.5
字 数 200千字
版 次 2022年1月第1版
印 次 2022年1月第1次印刷
书 号 ISBN 978-7-5525-6028-2
定 价 50.00元

前　言 Preface

城市是人类文明发展的重要标志。全球不同的国家、地区都处在快速的城市化过程中，世界各地的城市在规模和人口集中度上都迅速增长。城市化在推动社会发展、提高人类物质和精神生活水平的同时，不可避免地带来了一系列城市生态环境问题。因此，如何在大力开展生态文明、美丽中国和新型城镇化建设的背景下，优化国土空间开发格局，加大自然生态系统和环境保护力度，突出强调生态、绿色和可持续发展，对城市发展至关重要，是解决“城市病”和城市生态环境问题的根本途径。

银川是宁夏回族自治区首府，位于宁夏平原中部，不仅是中蒙俄、新亚欧大陆桥经济走廊核心城市，也是国家“十三五”重点建设区域“沿黄城市带”的核心城市，区内地貌差异显著，土地覆盖/利用类型迥异。本研究以银川市城区为研究区，开展区域热环境变化及其影响因子之间的响应关系研究，以期为银川宜居城市和生态城市建设提供科学参考依据。

需要说明的是，本书是在宁夏回族自治区自然科学基金（项目编号：2020AAC03444）和银川都市圈城市地质调查项目共同资助下深化形成的，主要内容包括：①总结城市热环境研究的历史和现状，提出研究的方法、内容和技术路线。②概述研究中使用的数据来源、使用方法和研究区概况。③基于 1989 年、1999 年、2010 年和 2017 年 4 期 Landsat 遥感影像数据，反演 4 个时期的地表温度，提取土地利用和植被信息，分析 28 年间区域热环境、土地利用、植被覆盖度的空间分布及其时空演变特征，探讨 4 个时期不同土地利用类型和植被与区域热环境的关系，掌握区域热环境空间格局的形成机制。④基于不同时期的地表温度，采用建筑用地指数，提取不同时期的城市建设用地信息，研究 28 年间银川市城市扩展的时空演变规律，分析城市建成区热环境的时空变化特征并探讨二者的响应关系。⑤根据反演的银川市城区地表温度，选取城区 17 个公园为研究对象，通过景观格局分析和缓冲区分析方法，定量研究银川城市公园内部景观构成、斑块形态和空间布局3 个方面的空间结构，对公园内及周边热环境分布情况的影响，探讨城市公园景观空间结构特征与其内部温度、对周边环境降温的影响范围及降温幅度的响应关系。⑥利用单因子、内梅罗污染指数法和 Hakanson 潜在生态风险指数法，对不同绿地土壤重金属的污染程度和潜在生态风险进行评价。

由于作者水平有限，书中存在不足、错误在所难免，敬请读者、专家批评、指正。

张晓东

2021 年 12 月 4 日

目　录 Contents

第1章
绪　论

1.1　研究背景和意义

1.1.1　研究背景

城市是人类文明的标志，是一个时代的经济、政治、社会、科学、文化、生态环境发展和变化的焦点与结晶。城市化作为当今世界重要的社会经济现象，是社会经济发展的必然趋势，城市化速度和规模是检验国家社会文明和生产力发达的重要标志之一（余华，2012；王鹏龙，2013）。由于城市化的快速发展，世界各地的城市在规模和人口集中度上都迅速增加。2014 年，已有 54%的世界人口居住在城镇地区，预计 2050 年世界城镇人口比例有望突破 66%。持续的人口增长和城镇化预计将为世界新增 25 亿城镇人口，其中接近 90%的增长集中在亚洲和非洲（United Nations，2014）。当今世界，尤其是发展中国家，正在经历着一场前所未有的城市化进程（图 1-1）。改革开放以来，我国城市化进程也加快脚步，城市化水平已经从 1978 年改革开放初期的 17.9%上升到 2015 年的 56.1%（万庆，等，2015），大约有 40%的人口居住在城市。根据预测，再过 20 年左右的时间，中国的城市化率将达到 70%左右，

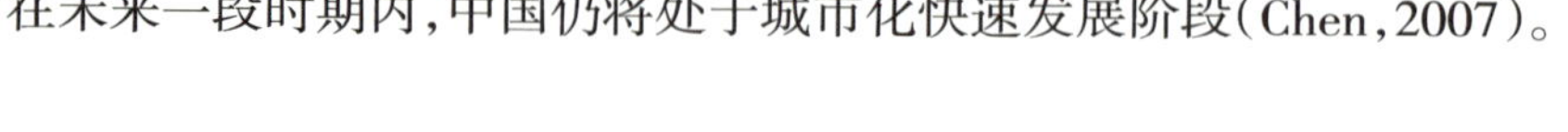

在未来一段时期内，中国仍将处于城市化快速发展阶段（Chen，2007）。

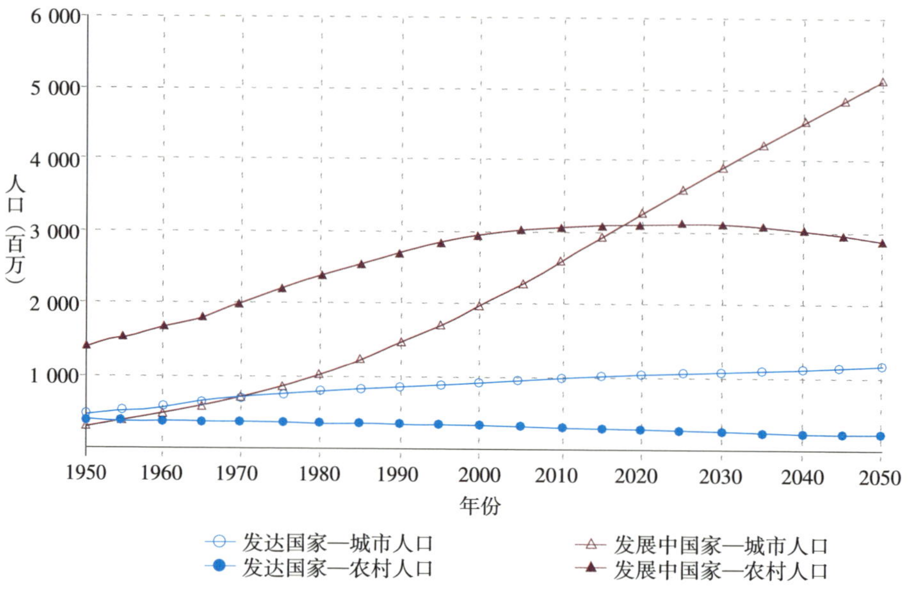

图 1-1　1950—2050 年不同发展区域的全球城市人口和农村人口

事实证明，随着城市人口的迅速增加、城市工业化水平的不断提高、城市数量的不断增加，城市经济发展和城市生态环境保护之间的矛盾日益复杂、尖锐，产生了诸如城市热岛效应、水体污染、碱化、交通拥堵等方面的问题。大量城市绿地、郊区农田、森林、水体等自然下垫面被沥青、混凝土等不透水材料形成的人工陆面、高层建筑景观等人工城市工程设施替代，彻底改变了城市原有的自然环境（Grover，2016）。目前，全球约 40%的植被覆盖区已被不透水面所替代，且这一转化过程在未来的几十年内还将大规模发生在发展中国家（王薇，2016）。在人工景观取代自然景观的城市化过程中，由于地表覆被材质的变化而导致地表热辐射、热存储和热传递的一系列改变，并以城市热岛的形式表现出来。同时，城市生态系统内人口聚集、能源消耗等生产活动方式所产生的人为热量释放、传输等，也通过城市热效应表现出来，由此产生的城市热岛效应已成为最为严重的城市生态环境问题之一（王鹏龙，2013；鲍超，等，2019）。

城市热岛效应受城市建筑物及人类活动等多方面影响，城市空间内热量聚集，影响着城市的大气环境、区域气候、能源消耗及居民健康等，造成诸多不良影响，对城市资源和生态环境造成了巨大压力（崔林林，2018）（图1–2），使得解决城市经济发展和城市生态环境保护成为当前城市规划与管理的重点。

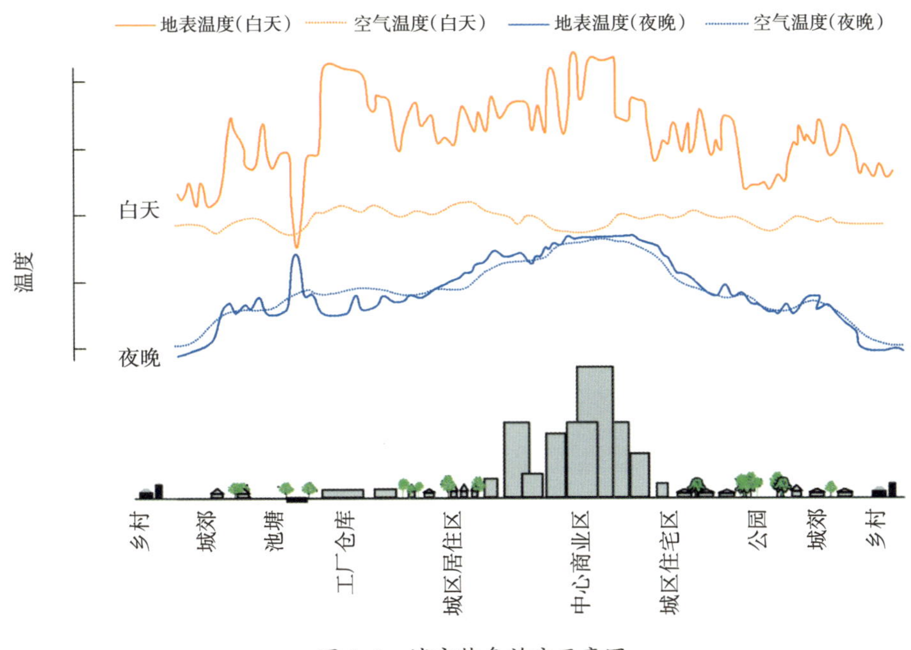

图1–2 城市热岛效应示意图

城市空间热环境是指能够影响人体对冷暖的感受程度、健康水平和人类生存发展等与热有关的物理环境。其演变过程与人类社会和经济活动关系密切，是衡量城市生态环境状况的重要指标之一，不仅直接关系到城市人居环境质量和居民健康状况，而且同时对城市能源和水资源消耗、生态系统过程演变、生物物候以及城市经济可持续发展有着深远的影响。因此，研究城市热环境变化以及影响因素，对于缓解城市生态环境问题意义重大（姚远，等，2018；李瑶，等，2015）。目前，如何准确监测城市区域的热环境变化，使其能够可持续发展，是全世界各国政府、企事业单位、国际组织和大学研究机构研究的一个热点问题（姚远，等，2018）。我国在2006年2月为提升城市功能和节约利用空间，国务院颁布了《国家中长期科学和技术发展规划纲要（2006—2020年）》，要求把城市热岛效应形成机制与人工调控技术作为重点研究内容。国家住房和城乡建设部分别于2013年9月和2015年11月发布了《城市居住区热环境设计标准（JGJ286-2013）》和《城市生态建设环境绩效评估导则（试行）》，将城市热环境的质量纳入建设项目考核评价指标体系，表明我国已将城市热环境问题作为今后城市整体建设和发展的重要研究内容，并希望通过不断完善和规范设计标准，确保今后我国城市生态环境的可持续发展。

21世纪是空间时代和信息时代，以全球定位系统（Global Positioning System，GPS）、遥感（Remote Sensing，RS）及地理信息系统（Geographic Information System，GIS）为代表的空间信息技术得到飞速发展，特别是在GIS空间分析技术的支撑下，各种不同时空分辨率的遥感监测数据被广泛应用到资源、环境、灾害、人文、社会等各个领域。定量遥感反演技术和空间信息建模技术的迅速发展，使得快速获取定量的城市生态环境信息以及客观评价与之相关的城市景观生态因子成为可能，可被遥感手段直接探测到。综上所述，利用遥感技术定量研究快速城市化过程中所引起的城市地表热环境变化及其与土地利用、植被覆盖等影响因素之间的响应关系，揭示土地覆盖及其变化与城市气候的内在联系，有助于深入了解城市地表热环境变化的驱动机制，可为土地利用管理和城市规划提供理论依据，对城市规划、公共安全和应急响应、促进城市可持续发展都具有重要的现实意义。

1.1.2 研究方法

到目前为止，城市热环境的研究方法主要有地面观测、遥感监测及边界层数值模式模拟3种。地面观测是指以散布在城区和郊区有限的地方气象台、站或地面流动（巡回）观测资料进行城市气温及地表温度的观测。遥感监测是利用航空或航天传感器对城市下垫面及其地表温度进行实时观测。边界层数值模式模拟是利用从简单的一维模式到复杂的三维中尺度模式等各种数值模式，对一定区域面积和空间高度范围内的温、湿和风场进行空间数值模拟。随着卫星遥感技术的不断发展，利用星载遥感传感器获得的遥感数据成为研究城市地表层的主要方法，越来越多的学者开始利用卫星热红外波段研究城市地表温度（表1–1）。

表 1–1　城市空间热环境主要研究方法

主要方法	监测手段	具体内容	优点	缺点
地面监测	气象站	包含国家基准气候站、国家基本气象站、国家一般气象站以及自动气象站等	数据观测时间尺度较长，数据种类和完整度高	站点间隔较大有限，空间分辨率不高；仪器的误差、测点的变动、测站选取不同对研究结果影响较大
	定点观测	包含水平观测和垂直观测。其中，垂直观测包括观测铁塔、探空气球等	精度高、仪器可根据研究需要进行布置	受人力和物理条件的制约，难以获取较大区域尺度的数据；受周边环境影响较大，单点数据代表性差
	移动样带	包括有轨电车、汽车和自行车等携带气象数据传感器和数据采集器的移动交通工具	利用有限的仪器可获取多点观测数据，利用城市断面热环境分析	获取数据的时间不同步，不利于比较分析；受交通工具、周边环境影响较大；仪器灵敏度较低
数值模拟	数学模型一维模型数学模型二维模型	包含Myurp创立的最早的一维地表平衡模型、Oke等应用的一维SHIM模型Vukovich应用的二维线性化模型、基于美国大气研究中心（NCAR）中尺度模式MM4改造的二维数值模式等	将整个城市视为自然地表一样的均一下垫面结构，不考虑建筑的高程，方法简单，容易操作	由于城市热环境的影响因素多，现实情况的复杂程度高，因而对于模型的通用性影响较大；需要大量实测气象数据，模拟实验方案复杂，实验条件不易控制，重复性不高；输入参数不确定；不同城市的环境差异较大，实验室条件下模拟城市环境的代表性较低

续表

主要方法	监测手段	具体内容	优点	缺点
数值模拟	数学模型 三维模型 实验室 模拟	包含在中尺度区域上耦合了城市冠层、边界层、单层城市冠层模型(UCM)、多层城市冠层模型(BEP);以RBLM、MM5为代表的非静力平衡的区域边界模型和WRF、RAMS等为代表的三维中尺度模式;中尺度传输和流动模型(METRAS);LUMPS和TEB等区域城市热环境研究的参数化方案等,以及南京大学和北京大学自主研发的边界层模式包括Summers建立的理论城市热岛模型、Stathopoulou等和Streuthker建立的基于人工神经网络模型和高斯模型等	试验所需人力和物力成本较其他方法较低;以理论分析为主,现场观测次数较少;描述物理过程的周期性连贯;从理论上揭示城市地表能量交换过程及机理	
遥感监测	各种平台 的遥感 传感器监 测数据	包括航空遥感数据、航天(卫星)遥感数据和地面数据(手持热红外成像仪、辐射计、测温计、近地表红外相机等)	航空遥感数据的空间分辨率高;航天遥感数据的时间同步性好、覆盖范围广、成本低;手持热红外监测设备的精度高,数值能够真实反映低温	航空遥感数据监测尺度小,大面积观测费用昂贵;航天遥感数据监测尺度大,但不能够满足城市精细尺度(街区尺度和建筑尺度)的监测需要;手持监测设备具有方向性,监测结果易随观测角度的方向和大小而变化,并包含环境辐射的影响,不适合连续观测,时间同步性差且空间局限性大

2009年,Weng等总结了城市热环境研究的主要内容，包括以下5个方面:①城市地表温度反演及城市热岛的空间格局和变化规律。②城市土地利用/覆盖制图,特别是城市不透水面和城市植被的分布。③城市地表温度与城市土地覆盖和其他因子(如不透水面和植被)之间的关系。④城市热环境对城市生态环境(水环境、大气环境等)的影响。⑤城市热环境模拟和预测。其中,城市地表热环境与城市土地覆盖和其他因子之间的关系研究,涉及土地利用及其覆盖变化与城市地表热环境的关系、不透水表面变化与城市地表热环境的关系、植被和水体与城市地表热环境的关系、景观格局与城市地表热环境的关系、社会驱动力与城市地表热环境的关系以及气象因素、大气污染与城市地表热环境的关系。

1.1.3 遥感技术与城市热环境

遥感技术是一门新兴的高新技术手段，遥感对地观测技术是当代高新技术的重要组成部分。20世纪60年代以来,随着空间技术、电子计算机技术的发展,极大地推动了遥感技术的迅速发展,遥感技术已越来越广泛地应用于农业、海洋、地质、水文、气象、军事等多个领域。在遥感技术的发展过程中,航空遥感技术和以美国陆地卫星(Landsat)为代表的地球资源卫星发挥了重要作用。1972年7月,美国宇航局(NASA)成功地发射了第一颗地球资源技术卫星(ERTS,即陆地卫星Landsat),为了保持Landsat计划的连续性,此后又相继发射了Landsat 2至Landsat 8号卫星。Landsat 7卫星1999年4月15日发射成功后,美国NASA计划用几年时间收集全球范围内陆地(包括所有岛屿)无云的全部ETM+数据并进行周期性更新,用于全球环境变化的动态监测和研究。Landsat 8卫星于2013年2月11日在美国加州成功发射,除了保持Landsat 7卫星的基本特征外,还在波段的数量、波段的光谱范围和影像的辐射分辨率上进行了改进，如新增的卷云波段有助于区别点云和高反射地物。卷云波段设计的波长范围位于黏土矿物光谱反射的强吸收带,有利于土壤与建筑不透水面信息的区别;新增的深蓝波段有助于水体悬浮物浓度的监测; 全色影像波长范围的收窄有利于该影像上植被和非植被的区别;辐射分辨率的提高可避免极亮/极暗区的灰度过饱和现象,这对反射率极低的水体的细微特征识别有很大帮助(徐涵秋,2013)。由于记录了大量地球表面的数据及其一系列的优越性,Landsat 系列卫星已成为生态环境监测与资源调查的重要信息源。

进入 21 世纪后,我国对地观测多光谱卫星的发展更是突飞猛进。2006 年和 2014 年,中国和巴西联合研制的地球资源卫星 02 星和 04 星进入预定轨道。"环境一号"卫星系统是中国国务院批准的专门用于环境和灾害监测的对地观测系统。2008 年,2 颗光学卫星(HJ-1A 卫星和 HJ-1B 卫星)进入轨道。2012 年,雷达卫星(HJ-1C 卫星)成功发射。初步形成的环境与灾害监测预报小卫星星座拥有光学、红外、超光谱多种探测手段,具有大范围、全天候、全天时、动态的环境和灾害监测能力。后续将进一步实现由 4 颗光学小卫星和 4 颗合成孔径雷达小卫星组成的"4+4"星座方案,形成利用空间技术支持灾害和环境监测与预报的业务运行能力。2011 年,"资源一号"02C 卫星由我国自主研制生产并发射成功, 填补了国内高分辨率遥感数据的空白。2012 年, 我国第一颗自主研制的民用高分辨率立体测绘卫星 "资源三号"(ZY-3)发射成功,可测制 1:50 000 比例尺地形图,为国土资源、农业、林业等领域提供服务,填补了我国立体测图领域的空白。2012 年,高分专项的第一颗卫星(GF-1)进入预定轨道。2013 年,GF-2 也成功发射。2015 年,GF-3(合成孔径雷达)、GF-4(地球同步轨道凝视相机)、GF-5(高光谱相机)相继投入使用。2016 年和 2018 年,GF-6 和 GF-7 也按照预定进入运行轨道(李粉玲,2016)。随着这些卫星的升空,已经初步形成环境与灾害监测预报小卫星星座、资源卫星系列和高分系列中高分辨率陆地资源卫星监测体系,这些对地观测系统还会随着卫星遥感技术的发展而进一步完善, 遥感的应用价值也将会渗透到更多的研究领域,尤其在城市地表热环境研究中,将发挥越来越重要的作用。

遥感作为获取地表及地物信息的一种重要途径，可以直接获取城市地表、地物的热辐射信息，并具有数据获取周期短、覆盖范围广、获取成本低、能够快速准确地监测城市地表下垫面温度等优点，目前已成为国内外专家学者开展城市热环境变化及动态监测研究最有效的方法和手段（谢启姣，2016）。近年来，Landsat TM/ETM+/TRIS、AVHRR、MODIS、ASTER 和 TIMS 等卫星传感器的热红外遥感数据为地面热环境的研究提供了良好的数据源，尤其是 Landsat 系列卫星遥感数据应用十分广泛。Landsat TM/ETM+/TRIS 可提供 120 m、60 m 和 100 m 的热红外波段的数据，相比 AVHRR 和 MODIS 数据，具有更为精细的空间分辨率，适合于城市尺度的温度评价，但其 16 d 的过境时间，对于需要高时间分辨率获取地面温度情况的研究可能并不合适。随着我国机载遥感和卫星遥感技术的发展，特别是由我国研发的环境与灾害监测预报小卫星（HJ-1B）以及中巴资源卫星的发射成功，使得应用于城市地表热环境研究的遥感数据源在空间分辨率和时间分辨率的选择方面得到了极大的丰富（表 1-2），因而成为国内外专家学者开展城市热环境研究工作的主要手段（姚远，2018）。

表 1-2 城市地表热环境遥感研究的主要数据源

<table>
<tr><th>空间分辨率等级</th><th>平台/传感器</th><th>空间分辨率</th><th>时间分辨率</th><th>波段</th><th>光谱范围</th><th>卫星发射时间</th></tr>
<tr><td rowspan="4">高空间分辨率</td><td>机载/AHS</td><td>IFOV：2.5 mard</td><td>自定义</td><td>—</td><td>—</td><td>—</td></tr>
<tr><td>机载/OMIS</td><td>IFOV：3 mard</td><td></td><td></td><td></td><td></td></tr>
<tr><td>机载/TVR</td><td>IFOV：1.8 mard</td><td></td><td></td><td></td><td></td></tr>
<tr><td>机载/ATLAS</td><td>5~10 m</td><td></td><td></td><td></td><td></td></tr>
<tr><td rowspan="4">中空间分辨率</td><td>Landsat/TM</td><td>120 m</td><td>16 d</td><td>6</td><td>10.4~12.5</td><td>1984</td></tr>
<tr><td>Landsat/ETM+</td><td>60 m</td><td>16 d</td><td>6</td><td>10.4~12.5</td><td>1999</td></tr>
<tr><td rowspan="2">Landsat/TIRS</td><td rowspan="2">100 m</td><td rowspan="2">16 d</td><td>10</td><td>10.6~11.19</td><td rowspan="2">2013</td></tr>
<tr><td>11</td><td>11.5~12.51</td></tr>
</table>

续表

<table>
<tr><th>空间分辨率等级</th><th>平台/传感器</th><th>空间分辨率</th><th>时间分辨率</th><th>波段</th><th>光谱范围</th><th>卫星发射时间</th></tr>
<tr><td rowspan="8">中空间分辨率</td><td rowspan="5">Terra/ASTER</td><td rowspan="5">90 m</td><td rowspan="5">16 d</td><td>10</td><td>8.215~8.475</td><td rowspan="5">1999</td></tr>
<tr><td>11</td><td>8.475~8.852</td></tr>
<tr><td>12</td><td>8.935~9.275</td></tr>
<tr><td>13</td><td>10.25~10.95</td></tr>
<tr><td>14</td><td>10.95~11.65</td></tr>
<tr><td>CEBRS-02/IRMSS</td><td>156 m</td><td>26 d</td><td>9</td><td>10.4~12.5</td><td>2007</td></tr>
<tr><td>HJ-1B/IRS</td><td>300 m</td><td>4 d</td><td>4</td><td>10.2~12.5</td><td>2008</td></tr>
<tr><td>FY3/MERSI</td><td>250 m</td><td>5.5 d</td><td>5</td><td>11.25</td><td>2008</td></tr>
<tr><td rowspan="10">低空间分辨率</td><td>Aqura/MODIS</td><td>1 000 m</td><td>0.5 d</td><td>31</td><td>10.78~11.28</td><td>2002</td></tr>
<tr><td>Terra/MODIS</td><td>1 000 m</td><td>0.5 d</td><td>32</td><td>11.77~12.27</td><td>2000</td></tr>
<tr><td>NOAA/AVHRR</td><td>1 100 m</td><td>0.5 d</td><td>4</td><td>10.5~11.3</td><td>1979</td></tr>
<tr><td>MetOp/AVHRR</td><td>1 100 m</td><td>0.5 d</td><td>5</td><td>11.5~12.5</td><td>2006</td></tr>
<tr><td rowspan="2">FY-2c/SVISSER</td><td rowspan="2">5 000 m</td><td rowspan="2">1 h</td><td>IR1</td><td>10.3~11.3</td><td rowspan="2">2004</td></tr>
<tr><td>IR2</td><td>11.5~12.5</td></tr>
<tr><td rowspan="2">GOES/GOES</td><td rowspan="2">4 000 m</td><td rowspan="2">最短间隔 15 min</td><td>4</td><td>10.2~11.2</td><td rowspan="2">1974</td></tr>
<tr><td>5</td><td>11.5~12.5</td></tr>
<tr><td rowspan="2">FY3/VIRR</td><td rowspan="2">1 100 m</td><td rowspan="2">5.5 d</td><td>4</td><td>10.3~11.3</td><td rowspan="2">2008</td></tr>
<tr><td>5</td><td>11.5~12.5</td></tr>
</table>

注:AHS: 机载高光谱扫描仪,Airborne hyperspectral scanner;OMIS:实用模块化成像光谱仪,Operative modular imaging spectrometer;TVR: 热成像辐射计,Thermal video radiometer;ATLAS:高级热环境和土地应用传感器,Advanced thermal and land application sensor

1.1.4 研究意义

银川市位于银川平原中部,其独特的自然、地理环境使银川市的城市化独具西北干旱区城市的地域特色，其城市生态对城市化也更加敏感（王鹏龙,2013)。近年来,随着西部大开发战略的实施,银川市经济快速发展,城市扩张明显,尤其是确定了发展“大银川”的城市发展战略后,其城市化发展更为迅速。随着城市规模的不断扩大,城市下垫面性质也随之改变,使城市热环境及其空间分布格局发生了很大变化,城市热岛效应显著增强。2000年以来,银川市区、贺兰县和永宁县35℃以上的天数呈上升趋势,夏季发布高温黄色、橙色、红色警报的天数较以往都有所增加,城市的热环境格局发生了显著变化。因此,研究银川市城市扩展和热环境变化之间的响应关系具有重要意义。本研究以“基于遥感的银川市城区热环境时空格局形成机制及其与地表参数响应关系研究”项目为依托,基于1989—2017年4期Landsat(Landsat 5 TM和Landsat 8 OLI)、MODIS和GF2等多源遥感数据,综合应用遥感、地理信息系统、景观生态学以及城市地理学等多学科知识,在深入分析研究区28年间城市热环境、土地利用、植被覆盖度以及城市扩展时空演变特征的基础上,研究城市公园对城市热环境的降温效应,掌握热环境变化时空格局的形成机制,定量分析地表参数因子与热环境效应之间的耦合关系,有助于提高对西北城市热岛效应和冷岛效应的认识,有利于城市和生态环境保护的可持续发展,从而寻求城市化进程中城市内部的人地关系协调与均衡发展策略,为银川市生态城市的规划与管理提供支持。

1.2 城市热环境研究进展

1.2.1 城市热岛的定义及其形成机制

国外对城市热岛研究的相对较早,Luke Howard自1811年起记录伦敦市30年市区和郊区的气温变化,发现城市中心区域气温明显高于四周郊区的气温,并在*Climate of London, deduced from meteorological observation*一书中首次记载了热岛效应这一现象。20世纪50年代,英国学者Manley对该现象首次提出城市热岛的概念（Manley,1958）。学术界公认的城市热岛效应是指快速城市化和工业化过程中导致城市大气温度和地表温度高于周边郊区或乡村等非城市环境的一种温度差异性现象（姚远,2018）。而城市空间热环境则是气象和环境研究领域的专家学者在城市热岛概念的基础上进行扩展延伸后提出的概念。2008 年,Rizwan 等将形成城市热岛效应的因素包括人为可控制因素和人为不可控制因素 2 大类。其中,人为可控制因素包括与城市设计结构相关因素和人口相关因素,前者包括天穹角、绿地面积和建筑材料等,后者主要有人工热源和空气污染。而人为不可控制因素包括气旋、季节、昼夜条件、风速以及云等。太阳辐射是地表的主要热量来源,地表长波福射是大气的主要热量来源。城市化引起城市地表覆盖的性质和结构的改变,使其能够吸收和存储更多的热能,进而向上更多福射的能量供给大气;同时空气污染使得近地表温室气体增多,大气能够吸收更多的能量;向周围环境释放的人工热源能够直接引起大气温度升高。研究表明,风速和云覆盖能够缓

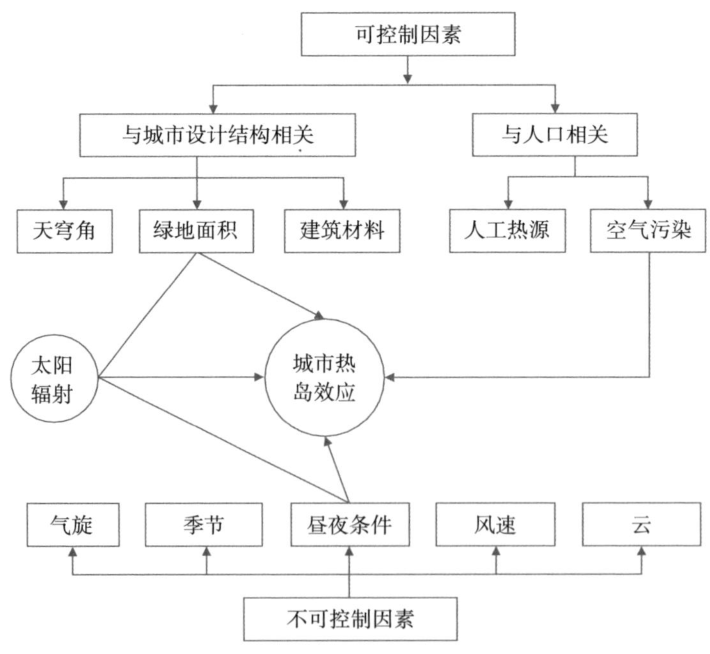

图 1-3　城市热岛产生机制图

解城市热岛效应,反气旋天气能够促进城市热岛效应等。对人为可控制因素的研究有助于减缓城市热岛对策的研究,如提高建筑材料的反照率、提高城区植被覆盖、环保建筑设计等。由此可见,城市热岛是在多种因素的交互作用下形成的,应该综合考虑所有的可控制因素,而不是局限于某一个因子(盛莉,2013)。

1.2.2　国外城市热环境的研究进展

近年来,随着全球变暖和城市化进程的不断加剧,城市空间热环境已成为主导城市环境的重要因素之一,对城市公共健康、空气质量、能源消耗等方面有着深远影响(王鹏龙,2013),是当前城市气候与环境研究中最为重要的研究内容之一。自热岛效应一词出现后的一个多世纪以来,城市热环境变化研究采用的均是大气温度数据,主要对城市边界层和城市冠层的热环境和热岛效应开展研究。Duckworth 和 Sandberg 在旧金山的大公园与市中心之间观测到 10℃的温差(Duckworth,1954)。1956 年,Landsberg 利用气象数据,发现大部分城市在夏季出现最明显的城市热岛,而不是在冬季,发现风速是影响城市热岛的主要因素,风速越大,城市与郊区的温差越小,并得出城市热岛的强度与城市的大小正相关的结论。1973 年,Sham 通过对马来半岛的吉隆坡的佩塔林查亚城区和郊区的气温进行多次同步观测,发现城区气温明显高于郊区,城市热岛强度(UHI)在 5℃左右。印度学者在 1991 年对城郊气温的对比研究中发现马德拉斯、孟买、新德里等城市均存在热岛现象,最大 UHI 以内陆城市普奈最大,高达 10℃(Padmanabhamurty, 1991)。1996 年,Kuttler 等以德国施托尔贝格一个狭窄山谷中建筑密集的小镇为研究对象,利用 8 个气象站点对其热岛效应进行分析,研究结果表明密封区域的比例、面积、风速、气温差幅度以及冷空气等因子均会对其热环境产生影响。2011 年,Jongtanom 利用 2004—2008 年泰国 3 个子研究区域的城郊气象观测站测量的气温数据,研究了泰国曼谷、清迈和宋卡市的平均最大 UHI,发现 3 个城市 UHI 事件在夜间发生得更频繁且季节性特征明显，平均最大UHI 强度雨季最弱、旱季最强。2016 年，荷兰气象学家利用对气温高质量的移动观测数据，对荷兰 27 个不同城市的城市热岛进行了研究，结果表明荷兰多数城市 UHI 较大，UHI 与邻域规模的人口密度比本城市中的总居民人数关系更为密切，且与绿色植被覆盖呈显著负相关（Steeneveld et al.，2016）。

气象数据虽然在时间尺度上具有连续性的优势，但也暴露出气象数据存在以离散点数据或线性数据代替面状数据、尺度转换精度不高、大型城市平面布局和内部结构特征分析困难等问题。随着 AVHRR、MODIS、Landsat 系列等遥感卫星的发射，应用卫星热红外波段研究城市地表温度得到广泛应用。1972 年，Rao 发现 ITOS-1 卫星 SR 热红外数据能识别城区及郊区热辐射差异后，首次利用遥感数据的热红外波段信息反演空间上连续的地表温度，提出应用遥感数据开展城市热岛效应研究，标志着城市热环境研究从城市冠层和边界层进入到了城市地表层的新阶段。1977 年，Carlson 等学者利用 AVHRR 热红外（10.5~12.5 μm）白天和夜间的数据研究了洛杉矶地区地表温度分布模式，城市工业和商业区日夜温差大于植被覆盖度高的郊区。1988 年，Balling 等以 AVHRR 为平台，分析了美国菲尼克斯地区地表温度空间模式和下垫面类型间的相互关系，并特别指出重工业区的地表温度比空地地表温度高 5℃。1993 年，美国学者 Gallo 等利用 NOAA 和 AVHRR 第 4、第 5 通道，首次通过归一化植被指数（NDVI）研究了地表温度和植被指数之间的关系，对城市热岛效应在引起城乡气温差异方面的作用进行了估测。1998 年，美国航空航天局（NASA）和环保署（EPA）共同发起的 Urban Heat Island Pilot Project 计划，选择洛杉矶、芝加哥、盐湖城、萨克拉门托、巴吞鲁日等城市，利用地面观测和遥感技术开展了针对夏季城市热环境效应的研究与治理工作。加拿大也启动了旨在缓解多伦多城市热环境效应的 Cool Toronto Project 计划，日本、西欧也在积极开展类似的研究工作（胡华浪，2005）。2006 年，Fei 等利用 Landsat 影像分析了美国明尼苏达双子城 4 个不同季节地表温度与 NDVI、不透水面百分比之间的相关性，发现地表温度与不透水面百分比在每个季节都有很强的相关性，而与 NDVI 的相关性较低，并在各个季节不同。2012 年，Gupta 等利用卫星资料 MODIS 数据对印度斋浦尔市 2001—2009 年的城市热岛效应进行分析，结果表明 UHI 模式与城市植被覆盖、建成区的土地扩展、人口密度的关系较为密切，同时认为由于老城区相对较大的开放区域和灌丛植被的覆盖，故 UHI 效应通常很弱。2018 年，Madanian 等基于 Landsat 8 遥感数据，利用景观生态学法分析研究了伊朗伊斯法罕市城市扩张对地表温度的影响。可见，城市热环境及其热效应已成为当前城市气候与环境研究中最为重要的研究内容之一。

近年来，随着对城市热岛效应研究的深入，越来越多的学者将地面观测站气温数据与卫星遥感数据相结合开展城市热岛研究，取得了丰硕的成果。2012 年，Schwarz 将气象观测数据与遥感数据相结合，定量分析了德国莱比锡市 LST 与气温的关系，发现空气温度与地表温度关系密切，并指出遥感数据反演的 LST 数据将可以更可靠地识别包括街道等密集城市结构区域中的热岛效应。2016 年，Kandel 等利用 1970—2012 年 30 个地面观测 站夏季气温数据、无线电探空仪和 Landsat 遥感数据对佛罗里达州南部的城市热岛效应进行分析，结果发现基于气象观测站的气温城市热岛约 4℃以上，而 Landsat 反演地表温度的地温城市热岛约 3℃。

1.2.3 国内城市热环境的研究进展

我国从 20 世纪 80年代开始真正起步热环境研究，主要集中于湿润地区或者经济发达地区。1982 年，周淑贞等利用气象观测资料，最早对上海市热岛效应的具体表现、特点及对上海地区天气气候的影响等作了初步分析。1987 年，范天锡等用 NOAA 卫星 AVHRR 资料研究了北京城市热岛结构信息和季节变化以及大气污染与城市热岛的关系，显示了北京地区春、夏、秋 3 个季节白天晴空条件下的热岛特征，表明卫星遥感是研究城市热岛的有效手段。1993 年,李旭文等利用 TM 热红外波段的数据对苏南大运河沿线城市苏州、常州、镇江的热环境作了分析,结果表明 TM 热红外图像能较好地揭示城市下垫面的微细热现象的景观结构,反映温度场的分布,可为城市热环境质量评价和热源调查提供丰富的信息。2001 年,覃志豪等首次使用单窗算法(SC 算法)对我国城市地表温度进行遥感反演,并推导出了反演所需相关大气参数的估算公式。2008 年,杨英宝利用 Landsat TM 和 MODIS 相结合,定量分析了南京市热岛效应的时空特征,并探讨了遥感尺度对城市热岛效应时空特征的影响。2010 年,饶胜等通过 MODIS 地温数据,研究了珠三角地区由于快速的城市化过程造成的区域性大范围温度升高现象,即"区域"热岛现象。2012 年,冯晓刚等以热红外遥感数据为信息源,以遥感定量反演和地理信息空间分析技术为支撑,对西安市城区 7 个主要公园对周边区域热环境的降温效应进行了研究。2014 年,刘帅等通过建立一种 2.5 维高斯表面模型来对北京城市热岛建模,定量描述热岛的位置、形状和大小。2016 年,陈彬辉等开展了利用遥感数据 MODIS 进行京津冀地区城市热岛时空差异的研究,在 MODIS 尺度上量化了京津冀地表温度差异的时空格局。2017 年,郭亚茹等通过新的算法,采用 Landsat 8 数据开展了地表温度反演,同时基于 MODIS 数据和 Landsat 数据相互结合,进一步结合气象要素数据开展持续序列的地表温度状况研究,并且开展地表温度与其他相关现象的结合研究。2018 年,王美雅等以 13 个中国大城市为研究区,利用 2015 年夏季(6—8 月)白天和夜间的 MODIS LST 数据计算城市热岛强度,并结合土地覆盖数据、人口、区位和气象数据,分析了热岛强度和城市地表组成、地表空间格局、人口和区位 4 类因子的关系,结果表明中国的 13 个大城市均存在不同程度的热岛效应,城市白天的热岛效应比夜间显著。2020 年,梁秀娟等以大西安都市圈为研究对象,利用 2003—2018 年 MODIS LST 数据提取了大西安近 16 年的地表温度信息,基于 Mann-Kendall 非参数检验法、Pearson 相关分析和 R/S 分析法等方法研究分析了大西安城市热岛效应时空分布特征,剖析了城市热岛强度与其影响因子的相关性，定量评估了气溶胶对城市热岛效应的贡献。

总体来看，我国学者对城市热岛效应及其相关问题进行了深入研究，且主要针对东、中部地区城市，而对西部城市的热岛研究较少。已有文献中，以西部城市为研究对象的城市主要为兰州、乌鲁木齐、西宁、银川、昆明等省会城市。其中兰州和乌鲁木齐的热岛研究相对较多，具体如下:20世纪90年代，陈榛妹（1991）、王海啸等（1992）、杨德保等（1994）利用遥感和气象观测资料分别研究了兰州城市热岛效应，并分析热岛效应和污染物对城市不同高度大气温度结构的影响，探讨了城市热岛的形成原因和条件。2015年，白虎志等利用1958—2003年兰州及临近2个乡村气象站气温资料，研究了兰州城市热岛效应特征和导致热岛效应季节差异及其年代际变化趋势的主要气象因子，发现兰州城市热岛效应一直呈增强趋势，热岛效应在冬季尤为显著。2012年，潘竟虎等基于4期Landsat影像为数据源，采用NDBI-SAVI指数相结合的方法，提取建设用地信息，利用单窗算法反演城市地表温度，并结合城市热岛比例指数和地表温度分级，定量研究城镇用地扩张对城市热环境的影响。2013年，潘竟虎等在反演兰州市中心城区地表温度的基础上，采用面向对象的分形网络演化算法对地温图进行分割，利用景观生态法分析城市热岛空间格局变化，并借助混合像元分解技术提取不透水面和植被盖度，探讨城市不透水面和绿地格局与城市热岛的相关性。2006年，马勇刚等利用监督分类法对1987年和1997年2期遥感影像进行分类，并对2期景观格局做出定量评价，同时利用单窗体法提取2期LST对其进行比较分析。2007年，李珍等利用气象数据分析了乌鲁木齐和达坂城2地平均温、平均最高温、平均最低温及其对应值的差值随时间的变化趋势特征，结果表明乌鲁木齐城市化过程中出现了冷化效应。2010年，刘卫平等利用乌鲁木齐及周边地区7个站点1978—2007年的气象资料，分析乌鲁木齐城市、郊区平均气温、降水量、相对湿度、水汽压的变化特征，发现乌鲁木齐近30年来城郊

表 1-3 利用遥感研究地表城市热环境国内外文献总结

参考文献	平台:传感器	温度模式	研究目标
Balling 等	Sat:AVHRR	亮温	研究地表温度和土地利用之间的关系
Dousset	Sat:AVHRR	亮温	城区地表温度和空气温度之间的关系
Carnahan 等	Sat:Landsat TM	亮温	城区和郊区升温与降温之间的差异
Dousset	Sat:AVHRR,SPOT	亮温	城市土地利用分类及其地表温度的关系
Kim	Sat:Landsat TM	亮温	城区地表能量平衡模拟
Stoll 等	航空:地基 IRT	方向辐射温度	不同地表类型地表温度与空气温度的评估
Gallo 等	Sat:AVHRR	亮温	使用 NDVI 评估城市热岛
Quattrochi 等	航空:TIMS	方向辐射温度	不同城市地表类型白天和晚上的温度
Epperson 等	Sat:AVHRR,DMSP	亮温	用 NDVI 和晚上数据估计城市空气温度差值
Nichol	Sat:Landsat TM	方向辐射温度	与城市形态学有关的地表温度的空间模式
Ben-Dor 等	航空:TIrS	方向辐射温度	同步的城市及空气温度热岛分析
Nichol	Sat:Landsat TM	方向辐射温度	用墙壁与遥感温度融合创建城市三维温度
Hafner 等	Sat:AVHRR	亮温	与热惯量和湿度有关的 SUHI 与 UHI 模式
Quattrochi 等	航空:ATLAS	方向辐射温度	使用遥感与 GIS 评估城市热岛
周红妹等	Sat:AVHRR,TM	亮温,气温	遥感、GIS 监测热岛分布特征和变化规律
陈云浩	Sat:Landsat TM	亮温	热岛空间变化分析
延昊	Sat:AVHRR	方向辐射温度	热岛与地表反照率和植被指数的关系
程承旗等	Sat:Landsat TM	亮温	热岛强度与 NDVI 的关系
李延明等	Sat: Landsat TM,IKONOS	亮温	热岛与城市绿色空间演变特征
孙飒梅等	Sat:Landsat TM	相对亮温	以相对亮温来表示热岛强度
徐涵秋等	Sat:Landsat TM	亮温	用城市热岛比例指数(URI)研究热岛

平均气温呈上升趋势，城市上升幅度大于郊区，冬季城郊温差逐渐增大，春夏秋3季城、郊温差逐渐缩小。2015年，孙茂存等采用1990年和2010年的TM遥感影像，运用亮度温度计算和二分模型计算等方法，并结合亮度温度数据得到了植被覆盖度对城市亮度温度的影响和土地利用对亮度温度的影响，分析了造成乌鲁木齐市城市热岛空间分布的原因。

综上所述，国内外学者对城市热岛效应开展了大量的研究并取得了丰硕成果，数据使用经历了由气象资料到遥感数据的过程，研究内容主要包括热岛效应的时空变化特征与成因分析、热岛效应的过程模拟与预测和热岛效应的生态效应与调控研究等方面，不仅对城市热岛效应本身进行了深入研究，而且对城市热岛的影响因素以及形成机制进行分析，发现不同城市的热岛效应的变化特征、表现形式及成因机制不尽相同。

1.3 银川市城区热环境研究现状及存在问题

1.3.1 研究区热环境研究现状

改革开放后，银川市发展十分迅速，城镇化水平不断提高，城市热岛效应日益显著，多位学者对该地区的热环境变化进行了广泛研究。2008年，杜灵通等基于1999年Landsat ETM+遥感数据，利用大气辐射传输模型反演LST，发现银川市具有典型城市热岛效应。2008年，李剑萍等基于MODIS遥感数据反演银川市2006年1月、4月、7月、10月LST，结果表明银川主城区夏季存在明显热岛效应。2009年，李凤琴等利用银川市基准站和郊区站1960—2007年气象观测数据，研究了城市化对银川市区局地气候的影响。2013年，王浩等基于V-I-S模型，以2002和2014年Landsat遥感影像为主要数据源，提取了不同时期银川市不透水面并反演了该区域的地表温度并分析了其时空变化特征。2013年，王鹏龙等基于遥感数据反演了银川市的地表温度，利用空间统计分析的原理与方法，分析了地表温度热场的结构、空间特征表达和空间异质性，并结合应用景观生态学理论与方法，分析了整个研究区的热环境景观格局特征与演化规律。2014 年，孙鹏等基于 Landsat 系列遥感影像数据，研究了银川市热岛效应的时空变化特征。2014 年，姚玉龙等综合运用遥感和地理信息系统方法，基于 4 期 Landsat 遥感影像，反演了临河市、石嘴山市、银川市等8 座典型西北绿洲城市地表温度，分析了其时空变化特征，结合社会经济统计资料和近 53 年来的气象数据，对西北绿洲典型城市地表温度变化的原因进行了分析。2016 年，吕荣芳等从热力景观学的角度定量分析了不同阶段银川市热环境景观格局演变特征、不同土地利用类型的热环境效应以及土地利用与热力景观格局的相互关系。2017 年，童苗等利用银川市城郊 3 个气象站点1960—2015 年的逐日气温数据，分析近 56 年来银川市城市热岛强度的时间变化特征，并结合 Landsat 系列遥感数据和社会经济统计资料，从建成区扩展、LUCC、城市人口增长、道路交通发展、能源消耗增加等方面探究城市化对热岛效应的影响。

1.3.2 存在的问题

近年来，随着银川市城市面积的扩大、产业结构的调整，城市的热环境格局发生了巨大变化。如前所述，研究者利用遥感影像、气象观测数据或二者结合在银川市内不同程度的开展城市热岛变化研究工作，取得了丰硕的研究成果。但这些工作多以单独研究城市热岛效应，主要局限于研究区是否存在热岛效应或者某一时间段内的区域城市热岛效应的时空变化特征研究，较少涉及银川城区热环境变化与地表参数的响应关系研究。由于城市热环境变化的复杂性以及影响因素的多样性和不确定性，以往研究成果已不能满足银川市生态城市建设和规划的需要，存在的主要问题包括：①部分研究数据距今时间较早，对银川市热环境形成机制的最新认识不够清晰、全面；②受技术手段或数据的限制，前人对银川市城区热环境变化与土地利用、植被覆盖等地表参数之间的响应关系研究较少;③城市公园作为城市重要的绿色景观,对缓解城市热岛效应等方面发挥着重要作用,但关于银川市城市公园对城市热环境效应的影响研究甚少。因此,本研究利用长时间动态遥感数据,从城市热环境效应与土地利用、植被覆盖度之间的耦合关系和影响因素切入,深入研究银川市热环境及其影响因素的变化特征,掌握其空间演变规律,建立地表温度空间变化与土地利用、植被的响应关系,对揭示城市热岛效应的形成机制、指导城市规划以及城市的绿化建设具有重要的理论和实践意义。

1.4 研究内容与技术路线图

针对1.3节银川市城市热环境效应研究的现状和不足,本研究以“基于遥感的银川市城区热环境时空格局形成机制及其与地表参数响应关系研究”项目为依托,以3S技术为手段,基于1989—2017年4期Landsat(Landsat 5 TM和Landsat 8 OLI)、MODIS和GF2等多源遥感数据,提取银川市城区不同时期的土地利用、植被覆盖度和城市建成区信息,反演区域地表温度,分析研究区28年间土地利用、植被覆盖度、城市扩展以及城市热环境的时空演变特征,探讨区域热环境变化及其影响因素之间的响应关系,研究城市公园对城市热环境的降温效应。具体内容如下:

(1)银川市城区热环境及其影响因素的时空演变特征。基于1989年、1999年、2010年和2017年Landsat 4期遥感影像数据,利用影像的反演算法和辐射传输方程法分别对Landsat 5和Landsat 8的热红外波段进行地表温度反演,分别采用支持向量机(SVM)法和像元二分法提取4个时期的土地利用和植被信息,分析28年间区域热环境、土地利用以及植被覆盖度的空间分布及其时空演变特征,监测不同时期热环境动态变化,探讨4个时期不同土地利用类型和植被与区域热环境的关系,掌握区域热环境空间格局的形成机制。

（2）银川市建成区城市扩展及其热环境变化分析。以银川市城市建成区为研究对象，基于 4 期 Landsat 系列遥感数据获得不同时期的地表温度，采用建筑用地指数（IBI）提取不同时期的城市建设用地信息，根据扩展强度指数、扩展速度指数、紧凑度指数、分维数以及重心等城市形态演化指标，研究 28 年间银川市城市扩展的时空演变规律，分析城市建成区热环境的时空变

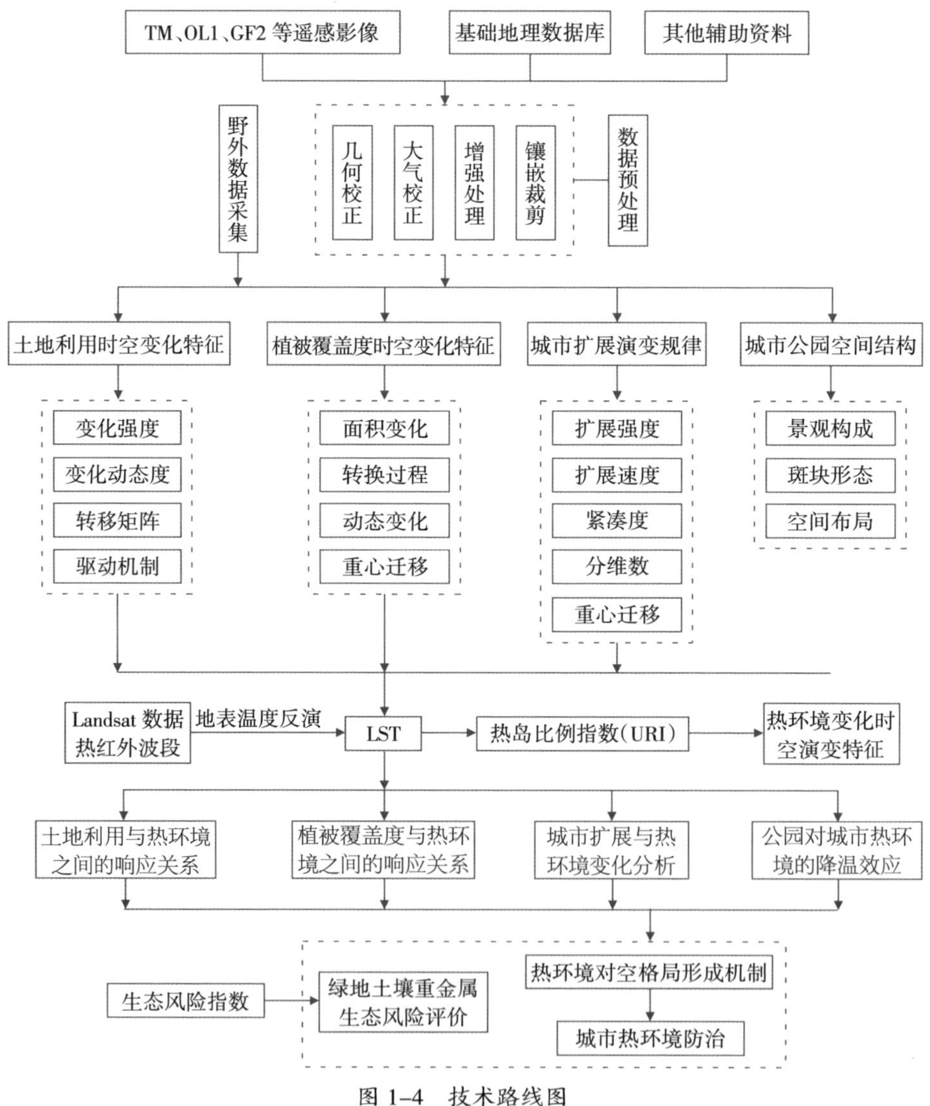

图 1-4　技术路线图

化特征并探讨二者的响应关系。

(3)银川市城市公园对城市热环境效应的影响分析。基于 Landsat 8 遥感影像反演银川市城区地表温度，选取银川市城区 17 个公园为研究对象，拟通过景观格局分析和缓冲区分析方法，定量研究银川城市公园内部景观构成、斑块形态和空间布局 3 个方面的空间结构对公园内及周边热环境分布情况的影响，探讨城市公园景观空间结构特征与其内部温度、对周边环境降温的影响范围及降温幅度的响应关系。

(4)总结 28 年间银川市城区土地利用、植被覆盖度、城市扩展以及城市热环境的时空变化规律，掌握热环境变化时空格局的形成机制以及其与影响因子之间的响应关系，在此基础上提出银川市城市热环境防治的对策及建议。

(5)利用单因子、内梅罗污染指数法和 Hakanson 潜在生态风险指数法对不同绿地土壤重金属的污染程度和潜在生态风险进行评价。

参考文献

[1] 余华. 福建省城市化与生态环境协调发展演进分析南昌工程学院学报[J]. 2012,30(6):35-39.

[2] 王鹏龙. 基于遥感的近年银川市热力景观变化研究[D]. 兰州大学,2013.

[3] United Nations, Department of Economic and Social Affairs (UN DESA). World urbanization prospects: The 2014 revision highlights [R]. New York: United Nations, Department of Economic and Social Affairs 2014:20.

[4] 万庆,吴传清,曾菊新. 中国城市群城市化效率及影响因素研究[J]. 中国人口·资源与环境,2015,25(2):66-74.

[5] Chen J. Rapid urbanization in China: A real challenge to soil protection and food security[J]. Catena, 2007,69(1):1-15.

[6] Grover A, Singh R B. Monitoring Spatial Patterns of Land Surface Temperature and Urban Heat Island for Sustainable Megacity A Case Study of Mumbai, India, Using Landsat TM Data[J]. Environment and Urbanization Asia, 2016,7(1):38-54.

[7] 王薇. 城市高度异质下垫面监测及热环境分析[D]. 华东师范大学,2016.

[8] 鲍超,邹建军. 中国西北地区城镇化质量的时空变化分析[J]. 干旱区地理,2019,42(5):1141-1152.

[9] 崔林林,李国胜,戢冬建. 成都市热岛效应及其与下垫面的关系[J]. 生态学杂志,2018,37(5):1518-1526.

[10] 姚远,陈曦,钱静. 城市地表热环境研究进展[J]. 生态学报,2018,38(3):1134-1147.

[11] 李瑶, 潘竟虎. 基于 Landsat 8 劈窗算法与混合光谱分解的城市热岛空间格局分析——以兰州市中心城区为例[J]. 干旱区地理,2015,38(01):111-119.

[12] 中华人民共和国国务院. 国家中长期科学和技术发展规划纲要（2006—2020 年).(2006-02-09)[2016-07-27]http://www.gov.cn/jrzg/2006-02/09/content_183787.htm.

[13] 中华人民共和国住房和城乡建设部. JGJ286-2013 城市居住热环境设计标准[S]. 北京:中国建筑工业出版社,2014.

[14] 中华人民共和国住房城乡建设部. 城市生态建设环境绩效评估导则（试行). 2015[2016-07-27]. http://www.zjjs.com.cn/n71/n72/c345411/part/3.pdf

[15] Weng Q. Thermal infrared remote sensing for urban climate and environmental studies: Methods, applications, and trends [J]. Isprs Journal of Photogrammetry & Remote Sensing, 2009,64(4):335-344.

[16] 徐涵秋. 区域生态环境变化的遥感评价指数[J]. 中国环境科学,2013,33(5):889-897.

[17] 李粉玲. 关中地区冬小麦叶片氮素高光谱数据与卫星影像定量估算研究 [D]. 西北农林科技大学,2016.

[18] 谢启姣,刘进华,胡道华.武汉城市扩张对热场时空演变的影响[J]. 地理研究,2016,35(07):1259-1272.

[19] Howard L. Climate of London deduced from meteorological observation. Harvey and Darton, 1833,1(3):1-24.

[20] Manley G. On the frequency of snowfall in Metropolitan England. Quarterly Journal of the Royal Meteorological Society, 1958,84:70-72.

[21] Mohan M, Kandya A. Impact of urbanization and land-use/land-cover change on diurnal temperature range: a case study of tropical urban airshed of India using remote sensing data.Science of the Total Environment, 2015,506-507:453-465.

[22] Rizwan,A.M., Dennis, Y.C.L., Liu, C. A review on the generation, determination and mitigation of Urban Heat Island [J]. Journal of Environmental Sciences, 2008,20: 120–128.

[23] 盛莉. 快速城市化背景下城市热岛对土地覆盖及其变化的响应关系研究 [D]. 浙江大学,2013.

[24] Duckworth F A, Sandberg J S. The effect of cities upon horizontal and vertical temperature gradients. Bull Amer Meteor Soc, 1954, 35a:198–207

[25] Landsberg H E. The climate of towns. University of Chicago Press, Chicago. 1956.

[26] Sani Sham. Observations on the effect of a city's form and functions on temperature patterns, A case of kuala Lumpur [J]. Journal of Tropical Geography, 1973,26(2): 145–155.

[27] Padmanabhamurty B. Microclimates in tropical urban complexes [J]. Energy and Buildings, 1991,15(1):83–92.

[28] Kuttler W, Barlag A B, Robmann F. Study of the thermal structure of a town in a narrow valley[J]. Atmospheric Environment, 1996,30(3):365–378.

[29] Jongtanom Y, Kositanont C, Baulert S. Temporal variations of urban heat island intensity in three major cities, Thailand [J]. Modern Applied Science, 2011,5(5): 105–110.

[30] Steeneveld G J, Koopmans S, Heusinkveld B G, et al. Quantifying urban heat island effects and human comfort for cities of variable size and urban morphology in the Netherlands[J]. Journal of Geophysical Research: Atmospheres, 2016,116(D20).

[31] Rao P K. Remote sensing of urban heat islands from an environmental satellite[J]. Bulletin of the American meteorological society, 1972,53(7):647–648.

[32] Carlson T N, Augustin J A, Boland F E. Potential application of satellite temperatures measurements in the analysis of land use over urban areas. Bull Amer Meteor Soc, 1977, 58:1301–1303.

[33] Balling R C, Brazell S W. High resolution surface temperature patterns in a complex urban terrain. Photogrammetric Engineering and Remote Sensing, 1988,54:1289–1293.

[34] Gallo P K, Mcnab A L, Karl T R, et al. The use of NOAA AVHRR data for assessment of the urban heat island effect. Journal of Applied Meteorology, 1993,32

(5):899-908.

[35] 胡华浪，陈云浩，宫阿都. 城市热岛的遥感研究进展 [J]. 国土资源遥感,2005,17(003):5-9,13.

[36] Fei Yuan, Marvin E. Bauer. Comparison of impervious surface area and normalized difference vegetation index as indicators of surface urban heat island effects in Landsat imagery.Remote Sensing of Enviroment, 2007,106:375-386.

[37] Gupta R. Temporal and spatial variations of urban heat island effect in Jaipur city using satellite data[J]. Environment and Urbanization Asia, 2012,3(2):359-374.

[38] Madanian M, Soffianian A R, Koupai S S, et al. Analyzing the effects of urban expansion on land surface temperature patterns by landscape metrics: a case study of Isfahan city, Iran[J]. Environmental Monitoring & Assessment, 2018,190(4):189.

[39] Schwarz N, Schlink U, Franck U, et al. Relationship of land surface and air temperatures and its implications for quantifying urban heat island indicators—an application for the city of Leipzig (Germany)[J]. Ecological Indicators, 2012,18(3):693-704.

[40] Kandel H, Melesse A, Whitman D. An analysis on the urban heat island effect using radiosonde profiles and Landsat imagery with ground meteorological data in South Florida[J]. International Journal of Remote Sensing, 2016,37(10):2313-2337.

[41] 周淑贞,张超. 上海城市热岛效应[J]. 地理学报,1982,37(4):372-381.

[42] 范天锡,潘钟岳. 北京地区城市热岛特性的卫星遥感[J]. 气象,1987,13(10):29-32.

[43] 李旭文. 苏南大运河沿线城市热岛现象的卫星遥感分析 [J]. 国太资源遥感,1993,(04):28-33,64.

[44] 覃志豪,Arnon Karnieli,等. 用陆地卫星 TM6 数据演算地表温度的单窗算法[J]. 地理学报,2001,56(4):456-464.

[45] 杨英宝,苏伟忠,江南. 南京市热岛效应时空特征的遥感分析[J]. 遥感技术与应用,2006(06):488-492,479.

[46] 饶胜,张惠远,金陶陶,寞浩洋. 基于 MODIS 的珠江三角洲地区区域热岛的分布特征[J]. 地理研究,2010,29(01):127-136.

[47] 冯晓刚,石辉. 基于遥感的夏季西安城市公园“冷效应”研究[J]. 生态学报,2012,32(23):7356-7362.

[48] 刘帅,李琦,朱亚杰. 基于 HJ-1B 的城市热岛季节变化研究——以北京市为例[J]. 地理科学,2014,34(1):84-87.

[49] 陈彬辉,冯瑶,袁建国,等. 基于 MODIS 地表温度的京津冀地区城市热岛时空差异研究[J]. 北京大学学报(自然科学版),2016,52(6):1134-1140.

[50] 郭亚苑,张继贤,杜漫飞. 基于 Landsat8 的地表温度反演研究[J]. 城市勘测,2017(6):74-78.

[51] 王美雅,徐涵秋. 中国大城市的城市组成对城市热岛强度的影响研究[J]. 地球信息科学学报,2018,20(12):1787-1798.

[52] 梁秀娟,王旭红,牛林芝,韩海青,郑玉蓉,张秀. 大西安都市圈城市热岛效应时空分布特征及 AOD 对热岛强度的影响研究 [J]. 生态环境学报,2020,29 (08):1566-1580.

[53] 陈榛妹. 兰州的城市热岛效应[J]. 高原气象, 1991,10(1):83-87

[54] 王海啸,高会旺, 陈长和. 兰州城市污染大气温度层结特征[J]. 环境科学, 1992,13(2):33-35.

[55] 杨德保,王式功, 王玉玺. 兰州城市气候变化及热岛效应分析[J]. 兰州大学学报(自然科学版), 1994,30(4):161-167.

[56] 白虎志,任国玉,方峰. 兰州城市热岛效应特征及其影响因子研究[J]. 气象科技,2005,33(6):492-495.

[57] 潘竟虎, 韩文超. 兰州中心城区用地扩展及其热岛响应的遥感分析 [J]. 生态学杂志, 2012,30(11):2597-2603.

[58] 潘竟虎,杨旺明. 基于分形网络演化算法和混合光谱分解的兰州市中心城区热岛的时空格局 [J]. 生态学杂志, 2013,32(1):178-185.

[59] 马勇刚, 塔西甫拉提·特依拜, 黄粤, 等. 城市景观格局变化对城市热岛效应的影响——以乌鲁木齐市为例[J]. 干旱区研究, 2006,23(1):172-175.

[60] 李珍, 姜逢清, 胡汝骥, 等. 1961—2004 年乌鲁木齐城市化过程中的冷化效应[J]. 干旱区地理, 2007,30(2):231-237.

[61] 刘卫平,张帆,魏文寿,等. 乌鲁木齐近 30 年城市与郊区气候参数对比分析[J]. 中国沙漠, 2010,30(03):681-685.

[62] 孙茂存, 李俊锋. 基于 TM 遥感影像数据的乌鲁木齐热岛效应分析 [J]. 测绘通报,2015(05):95-98.

[63] 胡嘉骢,魏信,陈声海. 北京城市热场时空分布及景观生态因子研究[M]. 北京:北京师范大学出版社,2014.

[64] 杜灵通. 基于 Landsat ETM+数据的银川城市热岛研究[J]. 测绘科学, 2008,33(4):169–171.

[65] 李凤琴, 谭华. 近 50 年来城市化对银川市区局地气候的影响 [J]. 宁夏工程技术,2009,8(4):303–309.

[66] 李剑萍,张学艺,官景得,等. 运用 EOS/MODIS 资料对银川城市热场的遥感分析[J]. 农业网络信息,2008,2008(10):107–110.

[67] 王浩. 基于 V–I–S 模型的银川市不透水面提取及其变化研究[D]. 兰州大学,2015.

[68] 孙鹏,韩沐汶,白林波,等. 基于 Landsat TM/ETM 银川市热岛效应时空变化研究[J]. 水土保持研究, 2014,21(1):290–293.

[69] 姚玉龙. 西北绿洲典型城市地表温度时空变化特征与成因分析[D]. 西北师范大学,2014.

[70] 吕荣芳,王浩,王鹏龙,等. 近 25 年银川市城市化进程中热力景观格局演变分析[J]. 干旱区研究, 2016,33(4):860–868.

[71] 董苗. 1960—2015 年银川城市热岛效应的变化特征及城市化对其的影响[D]. 西北师范大学,2017.

第 2 章
地表温度反演理论基础和方法

地表温度(Land Surface Temperature,LST)是控制陆面水分和能量平衡的一个重要参数,对土壤或植被水分状态有着明显的指示作用,是监测地球资源环境动态变化的重要指标之一,广泛应用于干旱区植被监测、农作物产量、城市热岛效应、地表水资源等研究中。地表温度具有时空分布的特征,定点观测很难获得区域内较为准确的温度参数, 难以从宏观上掌握其空间分布规律。由于遥感技术具有宏观性强、速度快、精度高等优点,使基于遥感技术反演地表温度已成为遥感应用研究的重要领域之一(覃志豪,等,2001),其中热红外遥感在地表温度反演中具有不可替代的作用 (赵少华, 等, 2011)。目前, 携带了热红外传感器的卫星很多, 包括 ASTER、AVHRR、MODIS 以及 Landsat 系列 TM/ETM+/ TIRS 等。利用星载热红外遥感获取地表温度必须解决 2 个问题:大气校正,即消除大气的干扰影响;考虑表面比辐射率的影响(赵英时,2004)。

2.1 地表温度反演理论基础

地表温度是一个重要的环境变量, 决定着地表与大气之间的能量和物质交换，地面温度的遥感，是定量遥感的一个高难度问题（李小文，2002）。通过遥感方法获取陆地表面温度的理论基础是，地表物体温度的变化也影响物体的发射光谱，随着温度的升高陆地表面发射的总辐射能迅速地增加，其最基本的理论依据是普朗克定律和维恩位移定律。

2.1.1 物体的波谱辐射能

从理论上讲，自然界任何温度高于绝对热力学温度（273.15 K）的物体都不断地向外辐射具有一定能量和波谱分布位置的电磁波，其辐射能量的强度和波普分布位置是物质类型和温度的函数。普朗克（Planck）定律给出了黑体辐射的出射度（Radiant Exitance）与温度、波长的定量关系：

$$M_\lambda(T)=2\pi hc^2\lambda^{-5}\cdot[\exp(hc/\lambda kT)-1]^{-1} \tag{2-1}$$

式中，h 为普朗克常数，取值为 6.626×10^{-34} 焦耳·秒（J·s）；K 为玻耳兹曼常数，取值为 $1.380\ 6\times10^{-23}$ 焦/开（$J\cdot K^{-1}$）；c 为光速，取值为 2.998×10^8 米/秒（$m\cdot s^{-1}$）；λ 为波长（米，m）；T 为热力学温度（开，K）。

黑体是完全的吸收体和发射体，自然界所有物体都会反射少量的入射能，而不是完全的吸收体。发射率（比辐射率）$\varepsilon(T,\lambda)$用来衡量发射电磁波强度的能力，定义为物体与黑体在同温度（T）、同波长（λ）下的辐射出射度的比值，即：

$$\varepsilon(T,\lambda)=\frac{M_S(T,\lambda)}{M_B(T,\lambda)} \tag{2-2}$$

它受物体的表面状态、介电常数、含水量、温度、物体辐射能的波长、观测角度等多种因素的影响。不同的地物类型、土壤湿度、地表粗糙度、植被结构、状态以及植被覆盖面等会有不同的比辐射率。已知地表发射率，地物的真实辐射出射度表示为：

$$L=\varepsilon_{(T,\lambda)}\cdot M_\lambda(T) \tag{2-3}$$

物体的亮度温度被定义为辐射出于观测物体相等的辐射能量的黑体温

度，它不是物体的真实温度，而是一个具有比该物体真实温度低的等效的黑体温度。它可以通过反解普朗克(Planck)定律求得：

$$T_\lambda=\frac{c_2}{\lambda ln\left(\frac{c_1}{\pi M_\lambda(T)\lambda^5}+1\right)} \tag{2-4}$$

式中，$c_1=2\pi hc^2=3.741\ 8\times10^{-16}\mathrm{W\cdot m^2}$；$c_2=hc/k=14\ 388\ \mu\mathrm{m\cdot K}$。

维恩(Wien)位移定律给出了黑体的发射峰波长与温度的定量关系，指出随着黑体温度的增加，总发射能量也增加，但发射峰值波长变小，两者呈反比例关系：

$$\lambda_{max}=A/T \tag{2-5}$$

式中，λ_{max} 为辐射强度最大的波长，单位为微米(μm)；A 为常数，取值为 2 898 微米·开(μm·K)；T 为热力学温度，单位为开(K)。

此定律反映了随着黑体温度的升高(或者降低)，黑体最大辐射峰值波长向短波(或者长波)方向变化。地球表层的平均温度约 300 K，根据位恩位移定律，其相应的最大辐射峰值波长约为 9.66 μm。因此在遥感反演地表温度时，传感器波段的选择应该在 9.66 μm 附近。

2.1.2　热辐射传输方程

地面吸收太阳短波能量(包括太阳直接光和天空漫射光)开始升温，将部分太阳能转换为热能，然后地面再向外辐射较长波段的热红外辐射能量。在热红外遥感的地—气辐射传输中，地面与大气都是热红外辐射的辐射源，辐射能多次通过大气层，被大气吸收、散射与发射。如果假设地表和大气对热辐射具有朗伯体性质，大气满足局地热力平衡条件，忽略大气分子、气溶胶的散射以及对大气下行辐射强度进行简化，则可以对热辐射传输方程进行简化。

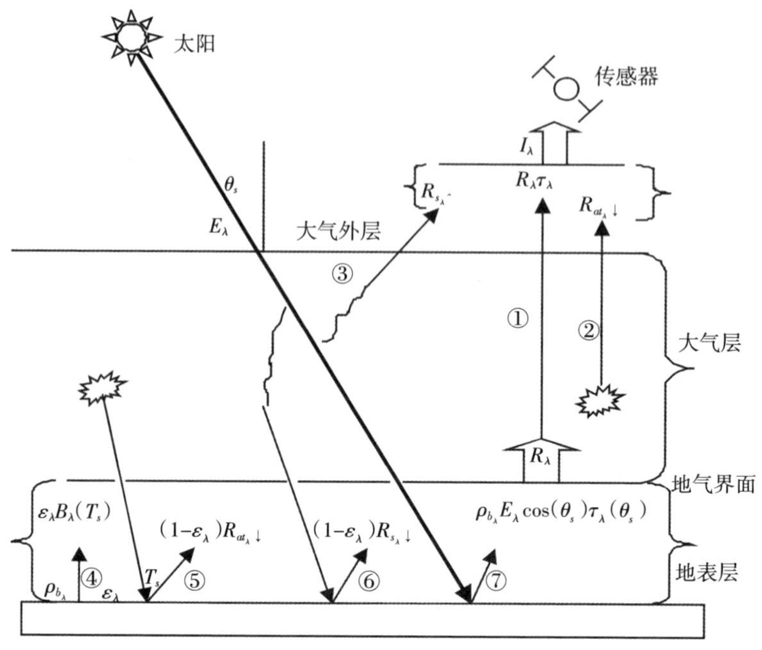

图 2-1　热红外辐射传输方程示意图

由辐射传输理论和图 2-1 可知，在晴空大气条件下，大气顶某一方向波谱辐射能可以表示为（李召良，2000）：

$$I_\lambda=R_\lambda\tau_\lambda+R_{at\lambda}\uparrow+R_{S\lambda}\uparrow \qquad (2\text{-}6)$$

式中，τ_λ 为大气波谱透过率（符号①），$R_{at\lambda}\uparrow$ 为大气路径向上波谱热辐射能（符号②），$R_{S\lambda}\uparrow$ 为由大气对太阳辐射能的散射所产生的路径向上波谱辐射能（符号③），R_λ 为地表波谱辐射能

$$R_\lambda=\varepsilon_\lambda B_\lambda(T_S)+(1-\varepsilon_\lambda)R_{at\lambda}\downarrow+(1+\varepsilon_\lambda)R_{S\lambda}\downarrow+\rho_{b\lambda}E_\lambda cos(\theta_S)\tau_\lambda(\theta_S) \qquad (2\text{-}7)$$

式中，T_S 是地表温度，$R_{at\lambda}\downarrow$ 是大气向下半球热辐射通量除以 π，$R_{S\lambda}\downarrow$ 是由大气对太阳辐射能的向下散射所产生的半球辐射通量除以π，$\rho_{b\lambda}$ 是在太阳角θ_S 和观测角θ方向上的地表波谱双向反射率，E_λ 是大气顶太阳波谱辐射能。方程中右边第一项为地表热辐射能（符号④），第二项和第三项分别为地表反射的大气和反射的太阳散射向下半球辐射能（符号⑤和⑥），最后一项为地表反射的太阳直射能（符号⑦）。

任何辐射计都是对某一波谱区域响应，所以对于给定波段的通道响应函数 $f_i(\lambda)$，通道观测的辐射能可表示为：

$$I_i=\frac{\int_0^{\infty} f_i(\lambda) I_\lambda d\lambda}{\int_0^{\infty} f_i(\lambda) d\lambda} \tag{2-8}$$

将式 1–6 代入式 1–8，得到：

$$I_i=R_i\tau_i+R_{at_i}\uparrow+R_{S_i}\uparrow \tag{2-9}$$

同样，

$$R_i=\varepsilon_i B_i(T_S)+(1-\varepsilon_i)R_{at_i}\downarrow+(1-\varepsilon_i)R_{S_i}\downarrow+\rho_{b_i}E_i\cos\theta_S\tau_i(\theta_S) \tag{2-10}$$

式中，所有下标为 i 的参数同 I_i 一样是它们相应波谱通道 i 的加权平均值（式 1–8）。方便起见，人们习惯用通道 i 上观测的亮温 T_i 和地表亮温 T_{gi} 来分别代替 I_i 和 R_i。它们之间的代替关系如下：

$$I_i=B_i(T_i) \tag{2-11}$$

$$R_i=B_i(T_{gi}) \tag{2-12}$$

因为在 8~13 μm 波段里，太阳对总辐射能的贡献可忽略不计，方程式 1–9 和式 1–10 可以简化为：

$$I_i=R_i\tau_i+R_{at_i}\uparrow \tag{2-13}$$

$$R_i=\varepsilon_i B_i(T_S)+(1-\varepsilon_i)R_{at_i}\downarrow \tag{2-14}$$

所有地表温度的反演算法，都是基于方程式 1–13 和 1–14，通过不同的假设和近似发展来的。

2.1.3 大气窗口

由于大气层的反射、散射和吸收作用，使得太阳辐射的各波段受到不同程度的衰减作用，因而各波段的透射率也各不相同，将受到大气衰减作用较轻、透射率较高的波段称之为大气窗口，是选择遥感工作波段的重要依据。大气窗口的光谱段主要有紫外可见光近红外、近红外、中红外、远红外以及微波(图 2–2,表2–1)。

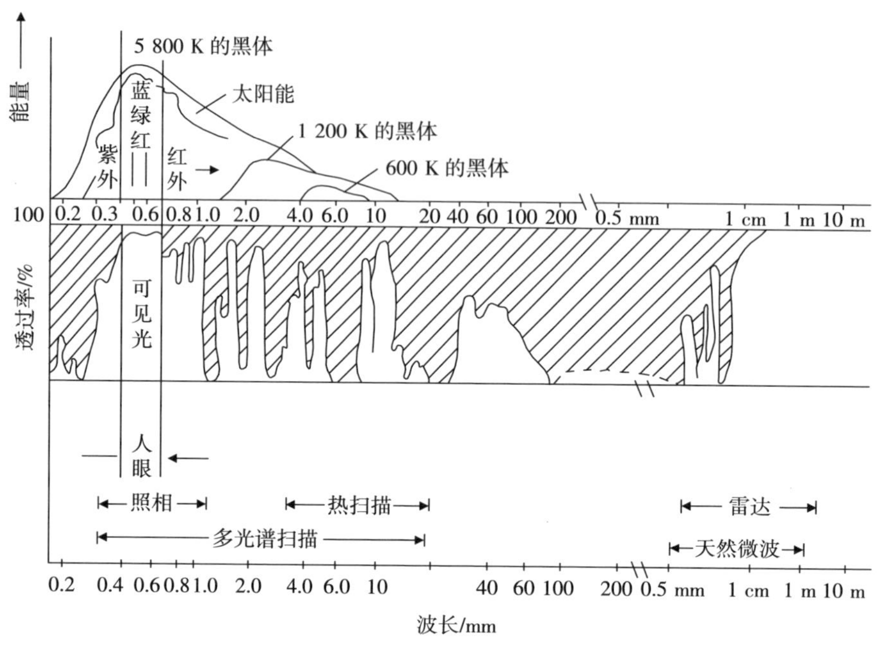

图 2–2　大气窗口

0.30~1.15 μm 大气窗口,包括全部可见光波段、部分紫外波段和部分近红外波段,是遥感技术应用的最主要窗口之一。其中,0.30~0.40 μm 近紫外窗口,透射率约为 70%。0.40~0.70 μm 可见光窗口,透射率约为 95%;0.70~1.10 μm 近红外窗口,透射率约为 80%。该窗口的光谱主要反映地物对太阳光的反射,通常称为短波区,采用摄影或扫描的方式在白天感测、收集目标信息成像。

1.30~2.50 μm 大气窗口, 属于近红外波段。该窗口按习惯分为 1.40~1.90 μm 和 2.00~2.50 μm 2 个子窗口,透射率在 60%~95%。其中,1.55~1.75 μm 透射率较高,白天夜间都可以用扫描成像方式感测、收集目标信息,主要用于地质遥感。

3.50~5.00 μm 大气窗口,属于中红外波段,透射率为 60%~70%。该窗口包含地物反射及发射光谱,可以用来探测高温目标,如森林火灾、火山、核爆等。

8.00~14.00 μm 大气窗口，属于远红外波段，透射率约为 80%。由于常温下地物光谱辐射出射度最大值对应的波长是 9.70 μm，则该窗口是常温下地物热辐射能量最集中的波段，其探测信息主要反映地物的发射率及温度。

1.00 mm~1.00 m 微波窗口，分为毫米、厘米和分米波。其中，1.00~1.80 mm 窗口的透射率为 35%~40%；2.00~5.0 mm 窗口的透射率为 50%~70%；8~1 000 mm 窗口的透射率为 100%。微波的特点是能穿透云层、植被和一定厚度的冰与土壤，具有全体候的工作能力。

表 2-1 大气窗口的主要光谱段

<table>
<tr><th>大气窗口</th><th colspan="2">波段</th><th>透射率/%</th><th>应用举例</th></tr>
<tr><td rowspan="3">紫外可见光
近红外</td><td rowspan="3">0.30~1.15 μm</td><td>0.30~0.40 μm</td><td>70</td><td rowspan="3">TM1-4、SPOT 的 HRV</td></tr>
<tr><td>0.40~0.70 μm</td><td>95</td></tr>
<tr><td>0.70~1.10 μm</td><td>80</td></tr>
<tr><td rowspan="2">近红外</td><td rowspan="2">1.30~2.50 μm</td><td>1.40~1.90 μm</td><td rowspan="2">60~95</td><td rowspan="2">TM5</td></tr>
<tr><td>2.00~2.50 μm</td></tr>
<tr><td>中红外</td><td>3.50~5.00 μm</td><td>—</td><td>60~70</td><td>NOAA 的 AVHRR</td></tr>
<tr><td>远红外</td><td>8.00~14.00 μm</td><td>—</td><td>80</td><td>TM6</td></tr>
<tr><td rowspan="3">微波</td><td rowspan="3">1.00 mm~1.00 m</td><td>1.00~1.80 mm</td><td>35~40</td><td rowspan="3">Radarsat</td></tr>
<tr><td>2.00~5.00 mm</td><td>50~70</td></tr>
<tr><td>8~1 000 mm</td><td>100</td></tr>
</table>

2.2 地表温度反演方法

2.2.1 地表温度算法

多年来，学者们不断探索卫星热通道数据的理论及其实际应用方法，研究了不同卫星传感器中热红外波段的 LST 反演理论及其应用，并提出了一系列 LST 反演算法（宋挺，2015）。其中，比较有代表性的算法有辐射传输方程法（Artis et al.,1982）、基于影像的反演算法（Sobrino et al.,2004）、单通道算法（ Jiménez-Muñozet al.,2003）、单窗算法（Qin et al.,2001），以下对将对上述 4 种算法分别进行简要介绍。

（1）辐射传输方程法。

辐射传输方程法又称大气校正法，其原理为首先估计大气对地表热辐射的影响，然后把这部分大气影响从卫星传感器所观测到的热辐射总量中减去，从而得到地表热辐射强度，再把这一热辐射强度转化为相应的地表温度。辐射传输方程表达式为：

$$I=[\varepsilon B(T_s)+(1-\varepsilon)I^{\downarrow}]\tau+I^{\uparrow} \tag{2-15}$$

式中，I 是热辐射强度（$W\cdot m^{-2}\cdot sr^{-1}\cdot \mu m^{-1}$）；$\varepsilon$ 是地表比辐射率；$B(T_s)$是用 Planck 函数表示的黑体热辐射亮度，其中，T_s 是地表真实温度（K），τ 为大气在热红外波段的透射率，可以用大气水分含量来估计。$I^{\downarrow}$和 $I^{\uparrow}$分别表示大气的向上和向下热辐射亮度。

利用辐射传输方程法进行地表温度反演时，需要获得要求卫星过境时的大气无线电探空数据，在获得满足要求的大气轮廓线时，该方法反演的地表温度比较准确。如基于 TM 数据的 6 波段反演区域地表温度，可利用 MODTRAN 软件对卫星过境的大气轮廓线进行模拟，然后将得到的大气参数输入辐射传输方程即可计算出准确度较高的地表温度。此外，还可以利用地表观测数据与反演数据进行对比，进一步验证反演精度。

Landsat 8 TRIS 包含了波段 10 和波段 11 两个热红外波段，由于后者对大气剖面的误差较为敏感，辐射定标偏差较大（Barsi et al.,2014; Yu et al.,2014），因此本文将基于波段 10 利用辐射传输方程反演研究区地表温度，其表达式如下：

$$L_{10}=\tau_{10}[\varepsilon_{10}B_{10}(T_s)+(1-\varepsilon_{10})I_{10}{}^{\downarrow}]+I_{10}{}^{\uparrow} \tag{2-16}$$

式中，L_{10} 为 10 波段在传感器处的辐射亮度，可通过辐射定标计算获得；τ_{10} 为大气在该波段的透射率；ε_{10} 为地表比辐射率；$I_{10}{}^{\uparrow}$和 $I_{10}{}^{\downarrow}$分别为大气的向上和向下辐射亮度；$B_{10}(T_s)$ 是黑体辐射亮度。获得以上参数后，通过普朗克定律反函数计算出地表真实温度 T_s：

$$T_s=\frac{C_1}{\lambda_{10}\ln\left(\frac{C_2}{\lambda_{10}^{5}\left[L_{10}-I_{10}^{\uparrow}-\tau_{10}(1-\varepsilon_{10})I_{10}^{\downarrow}\right]/\tau_{10}\varepsilon_{10}}+1\right)} \tag{2-17}$$

其中，C_1、C_2 为常数，分别取值为 14 387.7 μm·K 和 1.191 04×10^8W·μm^4·m^{-2}·sr^{-1}，中心波长 λ_{10}=10.9 μm。

(2)基于影像的反演算法。

相对于辐射传输方程、单窗算法及单通道算法，基于影像的反演算法(Image-based Method，以下简称 IB 算法)的算法要相对简单得多，因此实现起来容易。在利用 IB 算法对 TM/ETM+数据 6 波段进行地表温度反演时，为了消除大气对热红外波段的影响，首先需要对影像进行大气校正，在此基础上，将热红外波段的像元灰度值(DN)转换为传感器处的辐射亮度值 L_6，然后通过普朗克函数计算出像元的亮度温度 T_b，最后通过比辐射率 ε 纠正转换为地表温度 T_s(Nichol et al.，2005)。基于 TM 6 的地表温度反演的 IB 算法求算过程如下：

$$L_6=\text{gain}*DN+\text{bias} \tag{2-18}$$

$$T_b=K_2/\ln(K_1/L_6+1) \tag{2-19}$$

$$T_s=T_b/[1+(\lambda T/\alpha)\ln\varepsilon_6] \tag{2-20}$$

式中，Gain 和 Bias 分别取 0.0563 22 和 1.238；定标参数 K_1 和 K_2 分别取值为607.76 W$m^{-2}$$sr^{-1}$μ$m^{-1}$ 和 1 260.56 K；中心波长 λ 值为 11.475 μm；α 为 1.438×10^{-2} mK；ε_6 为地表比辐射率。

(3)单通道算法。

单通道算法(Single-channel Method)，由 Jiménez -Muñoz et al.等人于 2003 年提出，计算 LST 使用如下一般方程：

$$T_s=\gamma[(\psi_1 L_{sen}+\psi_2)/\varepsilon+\psi_3]+\delta \tag{2-21}$$

$$\gamma \approx T_{sen}^{2}/b_{\gamma} L_{sen} \tag{2-22}$$

$$\delta \approx T_{sen} - T_{sen}^{2}/b_{\gamma} \tag{2-23}$$

$$b_{\gamma}=c_{2}(\lambda^{4}/c_{1}+1/\lambda) \tag{2-24}$$

TM：

$$\begin{aligned} \psi_1&=0.147\ 14\omega^2-0.155\ 83\omega+1.123\ 4 \\ \psi_2&=-1.183\ 6\omega^2-0.376\ 07\omega-0.528\ 94 \\ \psi_3&=-0.045\ 54\omega^2+1.871\ 9\omega-0.390\ 71 \end{aligned} \tag{2-25}$$

Landsat 8：

$$\begin{aligned} \psi_1&=0.040\ 19\omega^2+0.029\ 16\omega+1.015\ 23 \\ \psi_2&=-0.383\ 33\omega^2-1.502\ 94\omega+0.203\ 24 \\ \psi_3&=0.009\ 18\omega^2+1.360\ 72\omega-0.275\ 14 \end{aligned} \tag{2-26}$$

式中，ε 为比辐射率；L_{sen} 为卫星高度上遥感传感器测得的辐射强度（$W \cdot m^{-2} \cdot sr^{-1} \cdot \mu m^{-1}$）；$T_{sen}$ 为亮度温度；λ 为中心波长；$c_1=1.911\ 04\times10^8\ W \cdot m^{-2} \cdot sr^{-1} \cdot \mu m^{-1}$；$c_2=14\ 387.7\ \mu mK$；$\omega$ 是大气剖面总水汽含量（g/cm^2）。

（4）单窗算法。

单窗算法 MW（Mono-window Algorithm）是根据地表热辐射传输方程推导出的，基于 Landsat TM6 波段数据反演地表温度的计算公式（Qin et al., 2001）如下：

$$T_s=\{a(1-C-D)+[b(1-C-D)+C+D]T_6-DT_a\}/C \tag{2-27}$$

$$C=\tau\varepsilon \tag{2-28}$$

$$D=(1-\tau)[1+(1-\varepsilon)\tau] \tag{2-29}$$

式中，T_s 是地表温度（K）；a 和 b 分别为-67.355351 和 0.458606；ε 为比辐射率；τ 为大气透射率；T_6 为像元亮度温度（K）；T_a 为大气平均作用温度（K），在标准大气状态下，T_a 与近地面气温 T_0（K）在不同大气模式下存在不同的线性关系，具体见表 2-2。

表 2–2 热红外波段大气平均作用温度估算方程

大气模式	大气平均作用温度估算方程
热带大气	T_a=17.976 9+0.917 15T_0
中纬度夏季大气	T_a=16.011 0+0.926 21T_0
中纬度冬季大气	T_a=19.270 4+0.911 18T_0
美国 1976 年标准大气	T_a=25.939 6+0.880 45T_0

在大气透射率的影响因素中，大气水分含量变化对大气透射率影响最显著因素，而其他因素因对大气透射率的影响并不明显。因此，在进行大气透射率估计时，主要考虑大气水分含量因素。研究表明，当大气水分含量在 0.4~3.0 g/cm^2 变动时，大气透射率的估算方程见表 2–3。

表 2–3 大气透射率估算方程

大气剖面	水分含量 ω /(g·cm^{-2})	大气透射率估计方程
高气温（夏季）	0.4~1.6	τ=0.974 280–0.080 07ω
	1.6~3.0	τ=1.031 412–0.115 36ω
低气温（冬季）	0.4~1.6	τ=0.982 007–0.096 11ω
	1.6~3.0	τ=1.053 710–0.141 42ω

2.2.2 地表比辐射率

地表比辐射率（Land Surface Emissivity，*LSE*）是地面温度反演中的一个关键参量，与物质的结构、成分、表面特性、温度以及电磁波发射方向和波长（频率）等因素有关。

地球表面不同区域的地表结构虽然很复杂，从卫星像元的尺度来看，主要由水面、植被和裸土 3 种地物类型构成。在遥感地表温度反演中，依据 *LSE* 的定义和测定原理，研究者们通过大量的地面实验研究，发明了很多计算比辐射率 ε 的方法，如 Griend 和 Owe 发现 *NDVI* 与 *LSE* 有很强的相关性，相关系数可以达到 0.941。因此，可利用 *NDVI* 估算地表比辐射率：

$$\varepsilon=1.0094+0.047\ln(NDVI) \tag{2-30}$$

该模型应用较为广泛，但不同区域地表自然属性的差异使该模型不具有普遍行且不能解决混合像元的问题。混合像元是指在一个像元内存在有不同类型的地物,像元尺度的地表面并不是均匀的。为解决比辐射率中因混合像元引起的误差问题,Sobrino 等提出用 *NDVI* 阈值法计算地表比辐射率，认为地表由土壤和植被两种物质混合而成,地表比辐射率随着 *NDVI* 值的变化而变化，在此基础上给出了计算比辐射率的公式该方法不仅能较好地解决比辐射率中因混合像元引起的误差问题,而且计算过程不复杂,因此得到了广泛的应用,被认为是比较精确获取地表比辐射率的一种方法。该方法假设土壤和植被比辐射率已知为前提,用 *NDVI* 对地表分类,认为 $NDVI<0.2$、$NDVI>0.5$ 以及 $0.2\leqslant NDVI\leqslant0.5$ 三种情况下像元的构成结果分别为裸土、植被以及裸土和植被组成的混合像元，然后分别计算不同像元结构下的地表比辐射率。具体计算公式为：

$$\varepsilon=\begin{cases} R_{red} & NDVI<0.2 \\ \varepsilon_v P_v+\varepsilon_s(1-P_v)+d\varepsilon & 0.2\leqslant NDVI\leqslant0.5 \\ 0.99 & NDVI>0.5 \end{cases} \tag{2-31}$$

式中,R_{red} 为像元在红光区的反射值;ε_v 是植被比辐射率;ε_s 是裸土的比辐射率;P_v 为植被构成比例。计算公式为：

$$P_v=\frac{(NDVI-NDVI_{\min})^2}{(NDVI_{\max}-NDVI_{\min})^2} \tag{2-32}$$

公式 2-32 中,根据经验,取 $NDVI_{\max}=0.5$,$NDVI_{\min}=0.2$。当地表较平坦时,$\varepsilon_v=0.99$,$\varepsilon_s=0.97$,$d\varepsilon$ 可以忽略不计。公式 2-31 混合像元结构下的 TM6 地表辐射率的估算方程可简化为：

$$\varepsilon=0.004P_v+0.986 \tag{2-33}$$

2001 年，覃志豪等对利用 *NDVI* 阈值法计算地表比辐射率有了进一步的发展，认为地表除了自然表面外还包括水体和城镇两种地物，其中自然表面是由不同比例的土壤和植被构成的混合像元，水体为影像上所有的水域（可认为为纯像元），而城镇是由建筑物和植被构成的混合像元。对于水体的比辐射率，可将水体利用监督分类的方法提取出来并赋值为 0.995。而对于自然表面和城镇 2 种地物的比辐射率计算，可利用如下公式完成。

自然表面：

$$\varepsilon=\varepsilon_v P_v R_v+\varepsilon_s(1-P_v)R_s+d\varepsilon \tag{2-34}$$

城镇：

$$\varepsilon=\varepsilon_v P_v R_v+\varepsilon_m(1-P_v)R_m+d\varepsilon \tag{2-35}$$

式中，P_v 是植被覆盖度；R_v、R_s 和 R_m 分别表示植被、土壤和建筑物表面的温度比率；ε_v、ε_s 和 ε_m 分别为植被、土壤和建筑物表面的比辐射率，分别取 ε_v=0.986、ε_s=0.972、ε_m=0.970。温度比率与植被覆盖度关系如下：

$$R_v=0.933\,2+0.058\,5P_v$$

$$R_s=0.990\,2+0.106\,8P_v$$

$$R_m=0.988\,6+0.128\,7P_v \tag{2-36}$$

当假设地表平缓时，公式 2-34 和 2-35 可以简化。

自然表面：

$$\varepsilon=0.962\,5+0.061\,4P_v-0.046\,1P_v^2 \tag{2-37}$$

城镇：

$$\varepsilon=0.958\,9+0.086P_v-0.067\,1P_v^2 \tag{2-38}$$

植被覆盖度：

$$P_v=\frac{(NDVI-NDVI_s)^2}{(NDVI_v-NDVI_s)^2} \tag{2-39}$$

式中，$NDVI$ 为归一化植被指数，分别取 $NDVI_v$=0.70 和 $NDVI_s$=0.05。当某个像元的 $NDVI$ 大于 0.70 时，P_v 取值为 1；当 $NDVI$ 小于 0.05，P_v 取值为0。

参考文献

[1] 谭志豪,Arnon Karnieli,等. 用陆地卫星 TM6 数据演算地表温度的单窗算法[J]. 地理学报,2001,56(4):456-466.

[2] 赵少华,秦其明,张峰,等. 基于环境减灾小卫星(HJ-1B)的地表温度单窗反演研究[J]. 光谱学与光谱分析,2011,31(6): 1552-1556.

[3] 赵英时. 遥感应用分析原理与方法[M]. 北京:科学出版社,2003.

[4] 李小文,赵红蕊,张颢. 全球变化与地表参数的定量遥感[J]. 地学前沿,2002,9(2): 365-370.

[5] 李召良, F.Petitcolin, 张仁华. 一种从中红外和热红外数据中反演地表比辐射率的物理算法[J]. 中国科学(E 辑)增刊,2000,30(18):26.

[6] 宋挺,段峥,刘军志,石浚哲,严飞,盛世杰,黄君,吴蔚. Landsat 8 数据地表温度反演算法对比[J]. 遥感学报,2015,19(03):451-464.

[7] Artis D A, Carnahan W H. Survey of emissivity variability in thermography of urban areas [J]. Rem-ote Sensing of Environment, 1982,12(4):314-329.

[8] Sobrino J A, Jiménez-Mun~oz J C, Paolini L. Land surface temperature retrieval from LANDSAT TM5[J]. Remote Sensing of Environment, 2004,90(4):434-440.

[9] Jiménez-Mun~oz J C, Sobrino J A. A generalized single channel method for retrieving land surface temperature from remote sensing data [J]. Journal of Geophysical Research, 2003,108(D22):1-9.

[10] Qin Z H, Karnieli A, Berliner P. A mono-window algorithm for retrieving land surface temperature from Lands-at TM data and its application to the Israel-Egypt border region [J]. International Journal of Remote Sensing, 2001,22(18):3719-3746.

[11] Barsi J A,Schott J R,Hook S J,et al.Landsat-8 Thermal Infrared Sensor (TIRS) Vicarious Radiometric Calibration[J]. Remote Sensing,2014,6(11):11607-11626.

[12] Yu X,Guo X,Wu Z.Land surface temperature retrieval from Landsat 8 TIRS-Comparison between radiative-transfer equation-based method,split window algorithm and single channel method[J]. Remote Sensing,2014,6(10):9829-9852.

[13] Nichol J.Remote sensing of urban heat islands by day and night [J]. Photogrammetric Engineering and Remote Sensing,2005,71(6):614-621.

第 3 章
研究区概况及数据源

3.1 研究区概况

3.1.1 研究区位置

银川是宁夏回族自治区首府，地处中国西北地区，位于宁夏平原中部，东踞鄂尔多斯西缘，西依贺兰山，黄河从市境穿过，是古丝绸之路商贸重镇，是宁夏回族自治区的军事、政治、经济、文化、科研、交通和金融中心，不仅是中蒙俄、新亚欧大陆桥经济走廊核心城市，而且是国家“十三五”重点建设区域“沿黄城市带”的核心城市。本研究根据《银川市城市总体规划(2011—2020 年)》，选取银川市城区，包括西夏区、金凤区、兴庆区以及贺兰县为研究区，地理坐标为 38°21′58″~38°37′52″N，106°0′50″~106°26′11″E，总面积约为 1 088.93 km^2(图 3–1)。

3.1.2 自然地理概况

3.1.2.1 气候条件

银川市处于亚欧大陆内部，我国季风区的西缘，远离海洋，冬季受到蒙

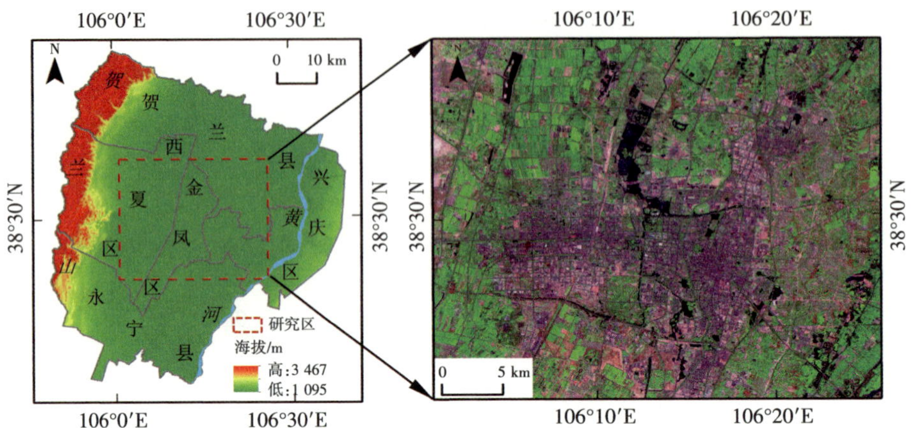

注:左图虚线长方形标示为研究区范围,覆盖银川市西夏区、金凤区、兴庆区以及贺兰县建成区

图 3-1 研究区位置图

古高压的控制,是冷空气南下的要地,夏季在东南季风向西的末梢,从而形成了比较典型的中温带大陆性气候。研究区多晴朗干燥天气,四季分明,春迟夏短,秋早冬长,昼夜温差大,降水稀少,蒸发强烈,气候干燥,年平均气温8.5℃,年平均降水量 250 mm,年平均日照时数 2 800~3 000 h,是中国太阳辐射和日照时数最多的地区之一,无霜期 185 d,春冬季多风,主要风向为西北风和北风,年平均风速 1.74~4.3 m/s。降水量年内变化大,分配极不均匀,一般多集中在 6—9 月,7—8 月是降水的全盛时期(表3-1,图 3-2)。

3.1.2.2 地形地貌

银川市地形整体西高东低,南高北低,向东北倾斜,平原区海拔 1 089~1 600 m,地面坡度为 2‰左右。基本地貌形态类型分为山地和平原 2 类,自西部贺兰山山地、山前洪积倾斜平原向中东部依次过渡为冲洪积平原和冲湖积平原(图 3-3)。贺兰山前洪积倾斜平原沉积了巨厚的砂卵砾石,自山前到洪积扇前缘,沉积物颗粒由粗到细,岩性由块石、卵石、砂砾石变为细砂夹砾石。在广大的冲洪积平原和冲湖积平原,沉积物岩性主要为细砂、砂黏土、黏砂土、粉细砂夹淤泥及砂卵砾石,平原区第四纪沉积物厚达数百米(黄

表 3-1 银川市多年（1989—2019 年）年平均降水量和年均气温统计表

年份	年均降水/mm	年均气温/℃	年份	年均降水/mm	年均气温/℃	年份	年均降水/mm	年均气温/℃
1989	177.75	8.97	2000	133.80	9.61	2011	180.76	9.87
1990	211.08	9.63	2001	163.20	10.14	2012	292.70	9.81
1991	162.42	9.55	2002	303.60	10.10	2013	148.80	11.21
1992	239.25	8.80	2003	194.80	9.80	2014	169.20	10.69
1993	102.83	8.43	2004	144.00	10.20	2015	227.10	10.73
1994	134.83	9.61	2005	74.90	10.10	2016	264.90	10.67
1995	194.25	9.02	2006	195.80	10.90	2017	211.40	10.98
1996	127.67	8.92	2007	214.70	10.40	2018	280.20	10.56
1997	130.33	9.75	2008	194.60	9.90	2019	145.50	10.82
1998	175.83	10.54	2009	180.00	10.50	—		
1999	137.58	10.25	2010	206.30	10.20	—		

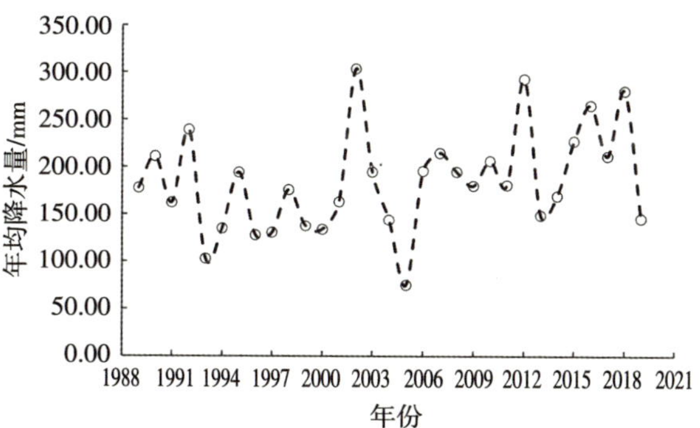

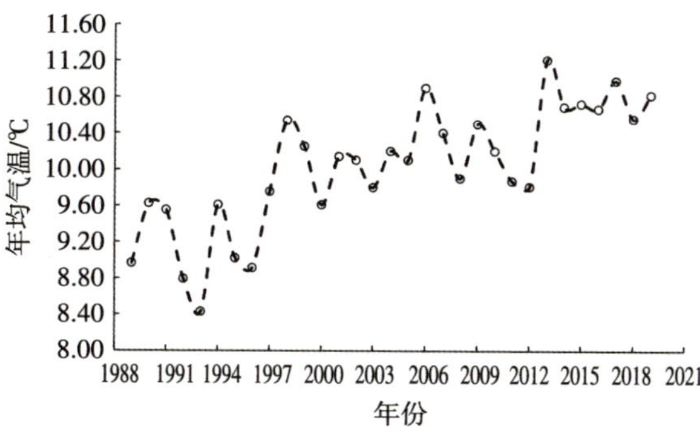

图 3-2 银川市多年（1989—2019 年）平均降水量和年均气温变化图

小琴,2019)。研究区西部的贺兰山为石质中高山，呈北偏东走向，全长约150 km,宽 20~30 km,最高峰海拔约 3 556 m。西北部的冷空气和风沙被贺兰山阻挡在外,是个天然良好的屏障。

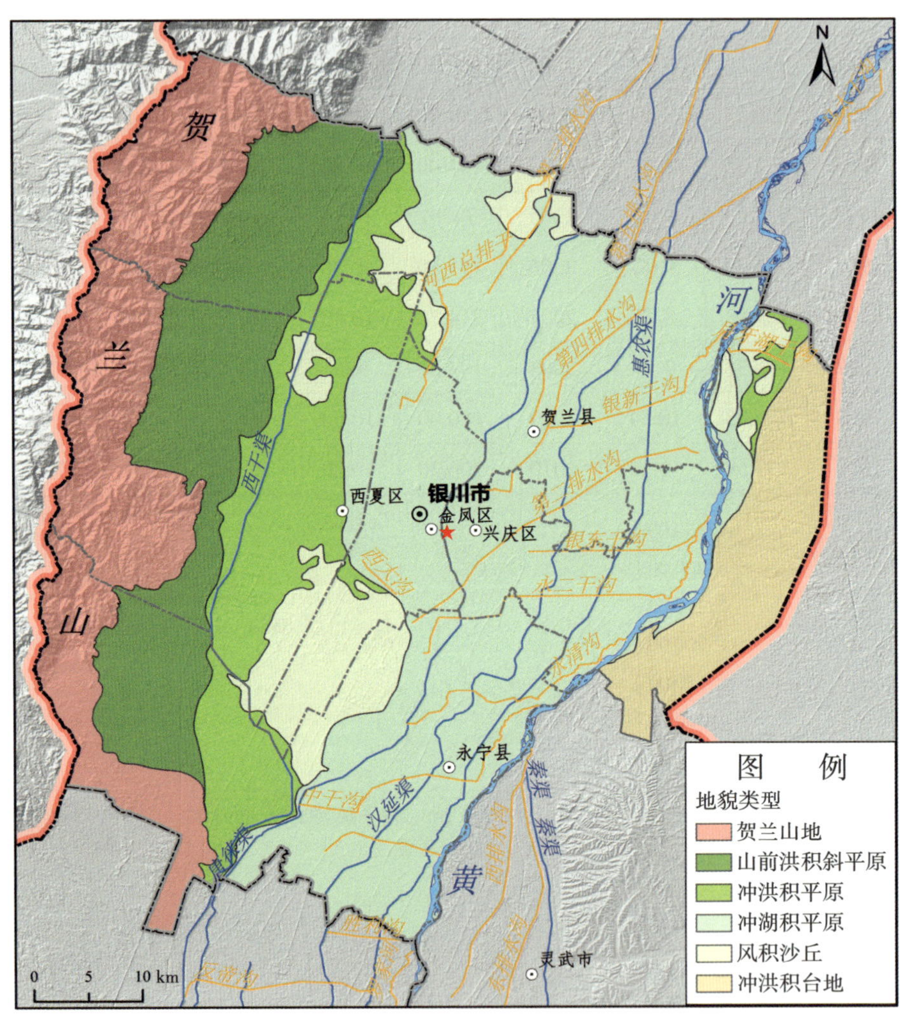

图 3-3 研究区地貌示意图

3.1.2.3 土壤

土壤有灰褐土、灰钙土、草甸土、灌淤土、盐土、湖土、白浆土、风沙土等 9 个土类、28 个亚种、48 个土属和 500 个土种或者变种,其分布呈现出地带性土壤向区域性土壤进行的规律，非常适合发展农业和多种经济作物的生长（王彩娟，2009）。贺兰山与西干渠之间的土壤主要是山地灰钙土、草甸土和灰褐土，具有明显的垂直地带性，而东部冲积平原的土壤主要是灌淤土，其局部低洼的地区还有盐土和湖土，其中灌淤土的土质适中，有机质含量高，保水保肥性强（陈丽丽，2014）。

3.1.2.4 植被

植被具有明显的地带性，其中地带性植被为森林植被、荒漠植被和草原植被，此外，还有非地带性植被，包括灌丛、草甸和湖沼、水生植被及沙生植被等。森林植被主要分布在贺兰山地区，具有明显的垂直地带性，针叶林的面积最广，而黄河滩地部分有旱柳等落叶阔叶林。荒漠植被旱生性强，覆盖度低，季相更替明显，植被稀疏，以灌木为主。草甸植被主要分布在河漫滩等地方，盐生植被主要分布在盐土分布区，主要有盐爪爪、小芦苇等。西部地势较高，土壤的含盐量低，树木容易成活。东部地势较低的兴庆区，地下水位较高，加上干旱的气候，土壤盐渍化严重，不利于树木的成活。根据试验，银川市西夏区的树木成活率为 91%，兴庆区为 70%，主要的树种有杨树、圆柏、臭椿、山杏、柳树、榆树、槐树、沙枣树、油松等，森林的覆盖率为 11.5%，还有一些湿地植物，如芦苇、香蒲、莲、菱、荸荠、慈姑等（陈丽丽，2014）。

3.1.2.5 水文特征

银川市内黄河自南向北穿流而过，沟渠纵横，灌排系统完善，湖泊、湿地数量众多，面积约 5.31×10^4 hm^2，其中天然湿地占湿地面积的 60%以上，自然湖泊近 200 处，面积 100 hm^2 以上的湖泊 20 多处，较著名的有鸣翠湖、阅海、鹤泉湖、宝湖、七十二连湖等。地下水主要接受引黄渠系渗漏补给、田间灌溉入渗补给、大气降水入渗补给和侧向径流补给。由于沉积物颗粒细小，地势平缓，水力坡度小，地下水径流滞缓，径流方向为南西—北东向。排泄方式主要有潜水蒸发排泄、排水沟排泄、人工开采和向黄河径流排泄。依据 2008 年银川市地下水质量评估结果，银川市地下水水质状况一般为Ⅲ~Ⅳ类水，部分地段达到了Ⅱ类水的标准，有的地段为Ⅴ类水。地表水水质一般比较差，多为Ⅳ类或者Ⅴ类水（李培月，等，2010）。

3.1.2.6 自然资源

银川地势平坦开阔，土地肥沃，沟渠纵横，水利资源丰富，加之日照充足，自然条件优越，自古以来就有“塞上江南”的美誉，是重要的农林牧渔生产区。水资源相对匮乏，主要依赖限量分配的黄河过境水。黄河南北贯穿，引黄干渠有唐徕、汉延、惠农、西干等渠，水资源供需矛盾十分突出，用水效率较为低下。贺兰山是银川市主要的天然林资源分布区，总面积约 2.67×10^4 hm^2，有天然次生林 1.23×10^4 hm^2，森林覆盖率 22.8%，林种主要有云杉、油松、山杨等乔木和山榆、山杏等灌木。贺兰山东麓地区是世界优质葡萄栽培的最佳生态区之一。非金属矿产资源丰富，主要有煤炭、熔剂石灰岩、熔剂白云岩、熔剂硅石、磷块岩、水泥石灰岩、辉绿岩等。

3.1.3 社会经济条件

与东部沿海大城市相比，银川市是个年轻的城市，发展较为缓慢。改革开放以来，银川市经济发展迅速，10 年来主要经济指标在宁夏全区一直保持领先，并实现了从农业经济到工业经济为主要特征的变化。近年来，银川市致力于发展西北最适宜居住、最适宜创业的城市中心目标，从而全力推进城市化、工业化和农业化等进程。2019 年，银川市全年地区生产总值比上年增长 6.3%，其中，第一产业增加值增长 2.0%，第二产业增加值增长 6.4%，第三产业增加值增长 6.5%，全年完成地方财政收入 216.25 亿元，一、二、三产业结构比为 3.4:43.7:52.9，对经济增长的贡献率分别为 1.3%、45.2%、53.5%。按常住人口计算，全市人均地区生产总值比上年增长 4.7%。

银川市位于我国西部第二条南北综合运输通道与欧亚大陆桥复线两大交通走廊交汇点，是华北、东北连接青藏高原的重要通道，区域交通区位优势明显。研究区内交通四通八达，银川绕城高速不仅与银川城市道路相连，而且与京藏高速公路、银青高速公路、国道 109 线、国道 110 线等国家主要公路连通。除了公路枢纽，还有包兰铁路纵贯研究区南北，该线东接京包铁路，西连兰新、兰青、陇海铁路，是宁夏的交通运输大动脉，也是宁夏与外省区联系的纽带。区内的银川河东机场是国内干线机场。

银川市经济发展主要产业是机械、食品、旅游等，其中永宁县是国家确定的商品粮生产基地县，并且其主要产业是生物制药；灵武市的煤炭资源丰富，主要以煤炭生产、煤化工、羊绒生产加工为产业；贺兰县也是国家级商品粮基地县，主要以农副产品加工为主；兴庆区是银川市信息、商品、金融中心；金凤区是银川市新区，也是全市的行政中心；西夏区是工业发展基地，也是高等教育中心和旅游中心。

总体来看，银川市经济社会发展取得巨大的成就，整体发展趋势向好，但在发展过程中存在一些问题，如经济总体发展水平偏低，与全国平均水平差距较大，人民生活水平不高，经济结构不合理，投资拉动特征明显，科技创新能力较弱；生态环境仍然比较脆弱，资源储藏不够丰富，水资源相对贫乏，土地资源利用效率低下，极端气候事件频发，资源保护、节能减排任务艰巨。

3.1.4 城市发展情况

银川位于兰州—西宁—银川城市带上，尚处于发育维形阶段。改革开放以来，银川市经济快速发展，城市扩张明显，尤其是在 2000 年及 2002 年确立区域中心城市发展战略以后，城市发展规模持续扩展，人口也迅速地增加，城市建设快速地发展。按照《银川市 2007—2020 年城市发展总体规划》，规划期内的城市发展方向为南进、北拓、西优、东控。近期，向南发展，优先推进城市核心区和金凤区南部的建设，同时在银川经济开发区和兴庆区北部区域进行适度的建设与开发。远景，中心城区重点向南北方向扩展，与德胜组团、望远组团和贺兰县城、永宁县城形成区域一体化的空间格局。截至 2019 年年底，银川市常住人口 229.31 万人，比上年年底增加 4.25 万人，其中，城镇人口 181.28 万人，占总人口的比重为 79.1%。随着城市规模的不断扩大，城市下垫面性质也随之改变，使城市热环境及其空间分布格局发生了很大变化，城市热岛效应显著增强。自 2000 年以来，银川市区、贺兰县和永宁县 35℃以上的天数呈上升趋势，夏季发布高温黄色、橙色、红色警报的天数较以往都有所增加。

随着经济的不断发展，银川是城市结构发生了巨大的变化，但由于其在全国城镇规划体系处于边缘地位，其发展潜力与集聚辐射功能受到一定制约。综合经济实力欠缺是造成城镇发展滞后的根本原因，局不甚合理、城镇规模过小，不利于形成社会经济和城镇化良性发展的机制。应依托自然条件基础，使城镇建设向多元化发展，形成科学合理的城镇体系，增强中心城市的聚集辐射和带动功能，加快推进城镇化进程。

3.2 数据源与数据处理

3.2.1 数据源

Landsat（美国陆地探测卫星系统）是由美国内政部门和美国国家航空航天局（National Aeronautics and Space Administration，NASA）发射的。1972 年 7 月 23 日开始发射第一颗地球资源卫星 Landsat 1，目前，陆地卫星已经发射了 7 颗，其中 Landsat 6 发射失败，Landsat 1 至 Landsat 4 已经相继失效。Landsat 5 发射于 1984 年 3 月 1 日，Landsat 7 在 1999 年 4 月 15 日发射。2003 年 5 月 31 日，由于 Landsat 7 的扫描型校正器发生了故障，使其实用价值大打折扣，而设计寿命只有 3 年的 Landsat 5 也因为近 29 年的超期服役而于 2012 年 12 月 21 日正式宣布退役，从而造成 Landsat 40 年连续对地监测一度出现中断。但可喜的是，Landsat 8 于 2013 年 2 月 11日在美国加州成功发射，这意味着 Landsat 系列将继续为全球的环境监测等提供连续的遥感动态数据。目前，在各种卫星遥感数据中，Landsat 系列卫星数据仍然广泛应用于农业、国土资源管理、植被监测、灾害响应等领域。

考虑到遥感卫星数据源的一致性、准确性、获取途径及分辨率等因素的影响，本研究所用的遥感数据主要包括美国地质调查局网站提供的 1989 年 8 月 24 日、1999 年 8 月 12 日、2010 年 7 月 1 日的 Landsat 5 TM 影像以及 2017 年 9 月 6 日获取的 Landsat 8 OLI 和 TIRS 影像，影像质量完好，无云和条带。根据本书研究需求，土地利用分类采用耕地、林地、草地、水域、城乡工矿居民用地和未利用土地 6 个一级类型分类系统。土地利用数据来源为 1989 年的土地利用数据基于同时期的 TM 遥感影像，采用支持向量机(SVM)方法对其进行监督分类(李粉玲，2013)，经精度评价其总体分类精度约为 86%；2000 年、2010 年和 2017 年土地利用数据(1:100 000)来自中国科学院资源环境科学数据中心，其一级类型综合评价精度可达到 85%以上，已广泛应用于区域及城市热环境时空格局变化分析研究中(孙宗耀，2018)。非遥感信息源主要为 DEM、1:50 000 地形图、地质图、水系图、土壤图、年均降水量数据以及行政区划图等。此外，选取 2017 年 6 月 16 日的 GF2 遥感影像和地理空间数据云提供的 MODIS 地表温度 8 d 合成产品作为验证数据评价城市建成区提取范围和地表温度反演精度，由于 1989 年和 1999 年没有与 TM 数据相同日期的 MODIS 数据，因此本研究只下载使用了 2010 年和 2017 年与 Landsat 数据相同日期的 MODIS 地表温度产品(表 3-2)。

3.2.2 数据预处理

3.2.2.1 大气校正

遥感传感器接收到的地物辐射是 2 次通过大气而受衰减的太阳辐射，在传输过程中，大气对电磁波有反射、吸收和散射作用，地物发射或反射的电磁波信号遭到衰减，使传感器获得的遥感图像数据失真，给地表关键参数的遥感反演带来较大的不确定性。大气校正直接影响到后续的信息提取、定

表 3-2 数据类型及来源

数据类型	数据名称	分辨率/比例尺	数据来源	获取日期
遥感影像	TM	30 m×30 m	美国地质调查局网站(栅格)	1989-8-24 1999-8-12 2010-7-1
	Landsat8 OLI	30 m×30 m	美国地质调查局网站(栅格)	2017-9-6
	GF2	1 m×1 m	订购(栅格)	2016-6-16
	MODIS	1 km×1 km	地理空间数据云(栅格)	2010-7-1
	MODIS	1 km×1 km	地理空间数据云(栅格)	2017-9-6
	土地利用数据	30 m×30 m	TM 数据监督分类	1989
	土地利用数据	30 m×30 m	中国科学院资源环境数据中心	1999
	土地利用数据	30 m×30 m	中国科学院资源环境数据中心	2010
	土地利用数据	30 m×30 m	中国科学院资源环境数据中心	2017
DEM	ASTER GDEM	30 m×30 m	美国航空航天局网站(栅格)	—
辅助数据	地形图	1:500 00	宁夏回族自治区地质局(栅格)	—
	地质图	1:200 000	宁夏回族自治区地质局(矢量)	—
	水系图	1:350 000	宁夏回族自治区地质局(矢量)	—
	土壤图	1:250 000	宁夏回族自治区地质局(矢量)	—
	年均降水量	—	收集(文本)	1989—2019
	行政区划图	1:250 000	宁夏回族自治区地质局(矢量)	—

量分析和遥感应用(祝民强,等,2002;聂爱秀,2007)。因此,必须进行大气校正，以消除或减轻成像过程中由于大气对阳光和来自目标的辐射所产生的散射而引起的辐射失真。

遥感大气校正方法按照校正结果可以分为绝对和相对 2 种（魏子卿,等,1998)。前者是基于实时的参数将遥感影像的 DN(Digital Number)值转换为地表反射率或地表反射辐亮度,以达到消除大气影响的目的,该方法需要的大气参数比较多且不易获取,但精度很高(王欢,等,2013);后者是指根据影像自身的信息以减轻大气对影像辐射值的影响，该方法简单且易操作，但精度相对较低（任锴，等，2008）。目前，常用的大气校正模型有 6S 模型、LOWTRAN 模型、MORTRAN 模型、大气去除程序 ATREM、TURNER 大气校正模型、空间分布快速大气校正模型 ATCOR、FLAASH 模型等（郑伟，等，2004；郑伟，2005）。其中，FLAASH 是目前精度较高的大气辐射校正模型，该模型是由世界一流的光学成像研究所——波谱科学研究所（Spectral Sciences Inc.）在美国空军研究实验室（U.S. Air Force Research Laboratory）支持下开发的大气校正模块，可用于高光谱数据（如 HyMap、AVIRIS、HYPERION）和多光谱数据（Landsat 系列卫星，SPOT、IRS、ASTER）的大气校正。FLAASH模型不仅能消除大气中水蒸气、氧气、二氧化碳、甲烷和臭氧对地物反射率的影响，而且当遥感数据中包含合适的波段时，还可以反演水气、气溶胶等参数。研究表明，基于该模型获得的地物反射率、辐射率以及地表温度等物理模型参数较为准确（杨杭，等，2010；杨校军，等，2008）。

本文中，大气校正主要针对多光谱数 TM/Landsat 8 OLI 影像。Landsat 8 星载陆地成像仪（Operational Land Imager，OLI）和热红外传感器（Thermal Infrared Sensor，TIRS）2 台传感器，其中 OLI 有 9 个光谱波段（波段 1~9），分辨率为 30 m（多光谱波段）和 15 m（全色波段），TIRS 包括 2 个波段（波段 10、11），分辨率为 100 m。Landsat8 OLI 和 TIRS、Landsat 7 ETM+、Landsat 5 TM 各波段参数见表 3-3。

本文大气校正主要包括辐射定标和 FLAASH 大气校正 2 个步骤。辐射定标采用以下定标公式计算，将各卫星数据的多光谱波段灰度 *DN* 值图像转换为辐亮度图像 *L*：

$$L=\mathrm{gain}*DN+\mathrm{bias} \tag{3-1}$$

式中，gain 和 bias 为多光谱波段的增益与偏置。

利用 ENVI 5.0 的 FLAASH 扩展模块，基于中纬度标准大气模式对 TM/Landsat 8 OLI 影像多光谱数据进行大气校正，大部分大气校正参数可从

表 3-3　Landsat 8、Landsat 7 和 Landsat 5 载荷波段参数

Landsat 8 OLI 和 TIRS			Landsat 7 ETM+			Landsat 5 TM		
波段	波长范围/μm	空间分辨率/m	波段	波长范围/μm	空间分辨率/m	波段	波长范围/μm	空间分辨率/m
1(Coastal)	0.433~0.453	30						
2(Blue)	0.450~0.515	30	1(Blue)	0.450~0.515	30	1(Blue)	0.450~0.515	30
3(Green)	0.525~0.600	30	2(Green)	0.525~0.605	30	2(Green)	0.525~0.605	30
4(Red)	0.630~0.680	30	3(Red)	0.630~0.690	30	3(Red)	0.630~0.690	30
5(NIR)	0.845~0.885	30	4(NIR)	0.775~0.900	30	4(NIR)	0.775~0.900	30
6(SWIR1)	1.560~1.660	30	5(SWIR1)	1.550~1.750	30	5(SWIR1)	1.550~1.750	30
7(SWIR2)	2.100~2.300	30	7(SWIR2)	2.090~2.350	30	7(SWIR2)	2.090~2.350	30
8(Pan)	0.500~0.680	15	8(Pan)	0.520~0.900	15			
9(Cirrus)	1.360~1.390	30						
10(TIRS1)	10.60~11.20	100	6(Thermal)					
infrared)	10.40~12.50	60	6(Thermal)					
infrared)	10.40~12.50	120						
11(TIRS2)	11.50~12.50	100						

影像数据的头文件中获取，具体参数见表 3-4。

表 3-4 FLAASH 大气校正输入参数

传感器	Landsat 5 TM			Landsat 8 OLI
成像日期	1989-8-24	1999-8-12	2010-7-1	2017-9-6
成像时刻	03:20:25	03:39:10	03:25:05	03:31:19
传感器高度/km	705	705	705	705
大气模式	MLS	MLS	MLS	MLS
气溶胶类型	Rural	Rural	Rural	Rural
中心经度/°	106.478	106.531	106.502	106.511
中心纬度/°	37.497	37.480	37.487	37.493
太阳高度角/°	54.00	59.35	52.66	63.34
太阳方位角/°	128.00	130.46	142.778	127.16
能见度/km	40	40	40	40

3.2.2.2 几何校正

遥感影像的几何纠正（Geometric Correction）是指从具有几何畸变的图像中消除畸变的过程，即定量地确定图像上的像元坐标和目标物的地理坐标的对应关系（刘勇卫，2011）。遥感影像的几何畸变大体分为 2 类：内部畸变。由传感器性能差异引起，主要有比例尺畸变，歪斜畸变，中心移动畸变，扫描非线性畸变，辐射状畸变，正交扭曲畸变。外部畸变。由运载工具姿态变化和目标物引起，包括由运载工具姿态变化（偏航、俯仰、滚动）引起的畸变，因高度变化引起的比例尺不一致，从而使目标物产生几何误差。

针对由于地球自转造成的影响、地球表面曲率的影响、遥感平台位置与运动状态变化的影响以及传感器的影响等造成的遥感图像几何畸变进行的纠正称之为几何粗校正。根据产生畸变的原因，系统上的畸变可以利用严格的计算公式和取得的辅助数据进行校正，这项工作通常在卫星资料处理中心已经完成。

由于卫星上仪器提供的姿态信息一般来说满足不了几何校正所要求的精度，因此为了使遥感图像的几何精度符合制图要求，还需利用相关参数(地面控制点、数字高程模型、卫星参数等)作进一步校正，称为几何精校正。一般来说，卫星影像的几何精纠正可以分 3 步进行：①选取地面控制点(GCP)。GCP 的分布、数量等指标直接影响遥感影像几何精度，因此选取分布均匀、数量足够的地面控制点非常重要(王圣尧,2014)。选取一些明显的、易识别的目标点作为地面控制点，比如河流交叉部位、山脊线交叉部位、永久标志性建筑物等，每图幅一般应有 15~25 个控制点。②建立多项式校正模型，即图像坐标(x,y)与其参考坐标(X,Y)之间关系的数学表达式。③采用最邻近法、灰度重采样，双线性内插法建立灰度矩阵(孟飞,2006)。

在研究中，使用 ERDAS 中的几何校正模块，采用多项式（3 Order Polynomial)，最邻近采样法完成对地形图和遥感影像的几何校正。首先对 1:50 000 地形图进行校正，然后以地形图为标准分别对 GF2 遥感影像进行校正，接着以校正好的 GF2 图像为基础对 MODIS、TM、OLI 等影像进行图像对图像的配准处理，校正误差均在一个象元内，几何校正流程图见图 3-4。

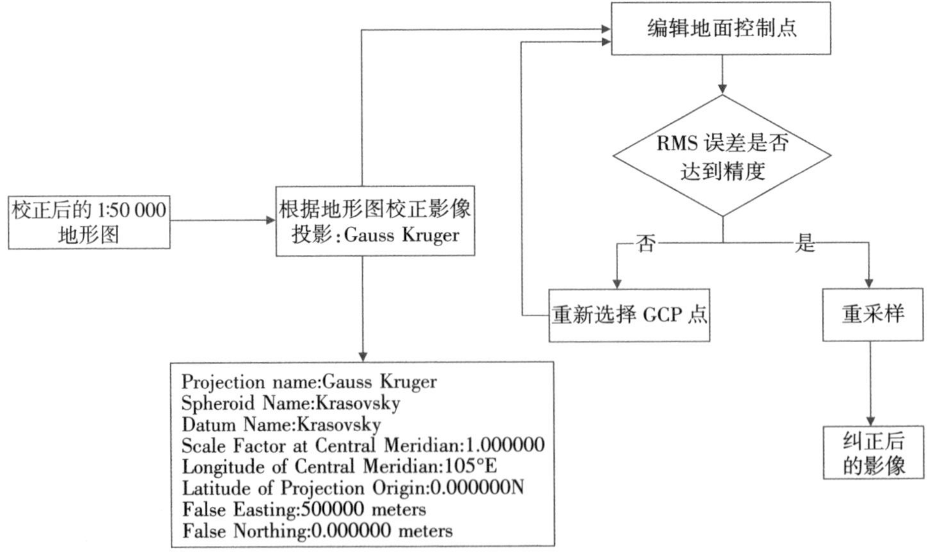

图 3-4　研究区遥感影像几何校正流程图

参考文献

[1] 黄小琴,张一冰,李英,等. 银川市湖泊—地下水转化关系——以阅海湖为例[J]. 干旱区研究, 2019,36(06):1344-1350.

[2] 王彩娟. 宁夏不同典型区域土地利用变化及其驱动力研究[D]. 宁夏大学, 2009.

[3] 陈丽丽. 基于遥感数据的银川市城市扩展及驱动力分析[D]. 西北师范大学,2014.

[4] 李培月,钱会,吴健华,魏亚妮. 银川市 2008 年水资源生态足迹研究与分析[J]. 南水北调与水利科技, 2010, 8(01):69-71.

[5] 李粉玲,常庆瑞,刘佳岐,等. 基于多纹理和支持向量机的 ZY-1 02C 星 HR 数据分类[J]. 武汉大学学报(信息科学版), 2016, 41(4):455-461.

[6] 孙宗耀,孙希华,徐新良,等. 土地利用差异与变化对区域热环境贡献研究——以京津冀城市群为例[J]. 生态环境学报, 2018, 27(7):1313-1322.

[7] 祝民强,高永光,吕开云. 抚州地区 TM 影像的水土流失信息自动提取专家模式研究[J]. 东华理工大学学报(自然科学版), 2002, 25(3):187-189.

[8] 聂爱秀, 张立亭, 陈竹安. 大气校正方法及其在高光谱影像 Hyperion 中的应用[J]. 东华理工大学学报(自然科学版), 2007, 30(2):157-160.

[9] 王欢,陈向宁,徐万鹏. 基于 6S 模型的多光谱遥感影像大气校正应用研究[J]. 测绘地理信息, 2013, 38(5):49-51.

[10] 任锴,杨力,冯勇,等. 序贯静态点定位的原理与实现[J]. 测绘地理信息, 2008, 33(6):10-12.

[11] 郑伟,曾志远. 遥感图像大气校正方法综述[J]. 遥感信息, 2004(4):66-70.

[12] 郑伟. TURNER 大气校正模型的修正及其应用研究[D]. 南京师范大学, 2005.

[13] 杨杭,张霞,帅通,等. OMIS-Ⅱ图像大气校正之 FLAASH 法与经验线性法的比较[J]. 测绘通报, 2010(8):4-6.

[14] 杨校军,陈雨时,张晔,等. FLAASH 模型输入参数对校正结果的影响[J]. 遥感信息, 2008(6):32-37.

[15] 刘勇卫,贺雪鸿. 遥感精解[M]. 北京:测绘出版社,2011.

[16] 王圣尧,刘善磊,石善球,等. 遥感影像 GCP 选取方法研究[J]. 测绘通报, 2014(6):55-59.

[17] 孟飞,刘敏,侯立军,等. 浦东新区土地利用的时空变化分析[J]. 华东师范大学学报(自然科学版),2006(4):56-63.

第 4 章
银川市城区热环境及其影响因素的时空演变特征

目前，城市化及其影响因素变化已成为科学家和城市规划者的最为关心的问题之一(Chandra S,2018)。由于人口的快速增长和土地利用方式的快速变化,地表地理特征(植被、森林、裸地和水体)的持续变化影响地球对太阳辐射的吸收和反射特性,从而改变城市及周围的地表温度,导致城市热环境发生变化(Kant Y,2009)。城市热环境是指能够影响人体对冷暖的感受程度、健康水平和人类生存发展等与热有关的物理环境,其演变过程与人类社会和经济活动关系密切,是城市生态环境状况的综合概括与体现(岳文泽,2006;张新乐,2008)。通过研究城市热环境演变过程,建立地表温度空间变化与土地利用、植被的联系，不仅可以揭示城市热空间结构的发展变化情况,而且对指导城市绿化建设、景观优化布局、生态规划等方面具有重要意义(李瑶,2015;杨敏,2018;匡文慧,2018)。近年来,基于遥感技术研究城市热环境演变及其与土地利用、植被覆盖的关系已成为国内外学者研究城市地表热环境的重要内容(王耀斌,2017;王佳,2016;乔治,2019)。

因此,研究银川市热环境及其影响因素的变化特征,掌握其空间演变规律对揭示城市热岛效应的形成机制、指导城市规划以及城市的绿化建设具有重要的理论和实践意义。本章基于 4 期 Landsat 系列遥感数据,反演不同时期地表温度，分析了 28 年间区域热环境的空间分布及其时空演变特征，探讨了不同时期各土地利用类型和植被与区域热环境的关系，以期为缓解银川市城区热岛效应和环境规划管理提供参考依据。

4.1 研究方法

4.1.1 地表温度反演

对于 Landsat 5 TM6 波段，根据 Nichol 等（Nichol，2005）的计算方法提取其地表温度，计算公式如下：

$$L_6=\text{gain}*DN+\text{bias} \tag{4-1}$$

$$T_b=K_2/\ln(K_1 / L_\lambda+1) \tag{4-2}$$

$$T_s=T_b / [1+(\lambda_6 T_b/\alpha)\cdot\ln\varepsilon] \tag{4-3}$$

式中，L_6 为传感器处的辐射亮度值；DN 为像元灰度值；gain、bias 为 TM6 波段的增益与偏置，分别取 0.056 322、1.238；T_b 为像元亮度温度；T_s 为地表温度；K_1 和 K_2 为定标参数，取值分别为 607.76 W/(m^2·sr·μm)、1 260.56 K；中心波长 λ 取 11.475 μm；α 取 1.438×10^{-2} mK；ε_6 为基于 TM6 波段的地表比辐射率。

Landsat 8 则基于波段 10 利用辐射传输方程反演地表温度（Barsi，2014），其计算公式为：

$$T_s=\frac{C_1}{\lambda_{10}\ln\left(\frac{C_2}{\lambda_{10}^5[L_{10}-I_{10}^{\uparrow}-\tau_{10}(1-\varepsilon_{10})I_{10}^{\downarrow}]/\tau_{10}\varepsilon_{10}}+1\right)} \tag{4-4}$$

式中，C_1、C_2 为常数，分别取值 14 387.7 μm·K 和 1.191 04×10^9 W·μm^4/(m^2·sr)；λ_{10} 取 10.9 μm；ε_{10} 为 TIRS10 波段的地表比辐射率；τ10 为大气在 TIRS10 波段的透过率；$I_{10}{\uparrow}$和 $I_{10}{\downarrow}$分别为大气向上、向下辐射亮度。参考中纬度夏季标准大气剖面，依据影像成像时间和中心经纬度，采用插值大气剖面

方法，获取 τ_{10} 为 0.91，$I_{10}^{\uparrow}$ 为 0.68 W/(m^2·sr·μm)，$I_{10}^{\downarrow}$ 为 1.19 W/(m^2·sr·μm)，本书首先假定水体的地表比辐射率为 0.995，分别采用 Yu et al. 发表于 2014 年和 Sobrino et al. 发表于2004 年文献的 NDVI 阈值法获取地表比辐射率 ε_{10} 和 ε_6。根据 LST 算法公式4-3 和4-4，在 ERDAS 中利用空间建模工具建立模型，分别计算 TM band 6 和 Landsat 8 band 10 的地表温度。模型如图 4-1、4-2。

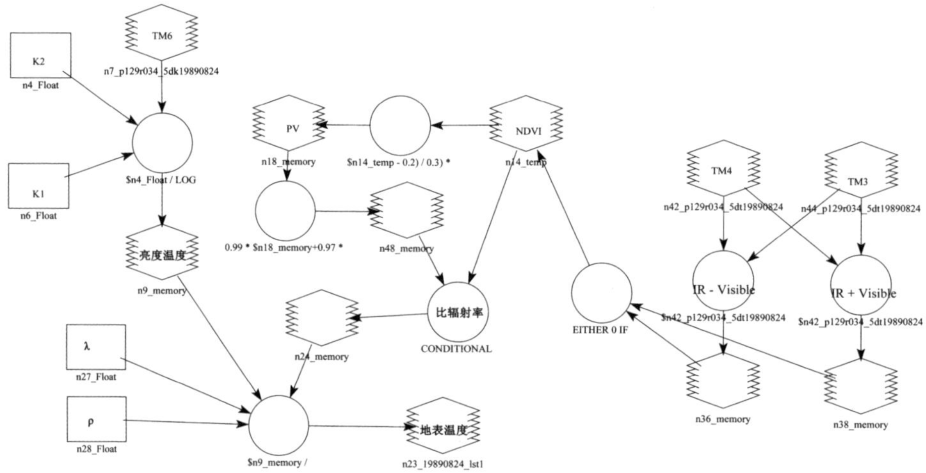

图 4-1 TM band 6 地表温度ERDAS 计算模型

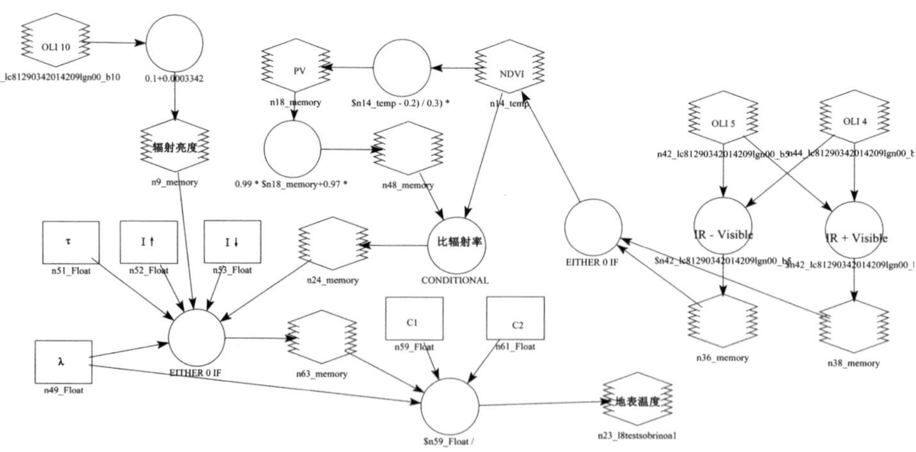

图 4-2 Landsat 8 band 10 地表温度 ERDAS 计算模型

4.1.2 热岛比例指数

同一地区不同时期所获取的太阳辐射能量不同，不能直接对绝对地表温度值进行比较。为有效减小不同时期地表温度的差异，本书采用徐涵秋等在 2003 年提出的地表温度正规化方法和城市热岛比例指数定量研究 4 个时期研究区城市热环境变化。该指数已被国家环境保护部和住房城乡建设部引用，并广泛应用与城市热环境变化的研究中（侯浩然，2018），其计算公式分别为：

$$T^{*}=(T_i-T_{\min})/(T_{\max}-T_{\min}) \tag{4-5}$$

式中，T^{*} 为第 i 个像元正规化后的值；T_i 为第 i 个像元的地表温度值；$T_{\min}$ 为地表温度的最小值；$T_{\max}$ 为地表温度的最大值。

$$URI=\frac{1}{100m}\sum_{i=1}^{n}w_i p_i \tag{4-6}$$

式中，URI 为城市热岛比例指数；m 为正规化等级指数；n 为城区高于郊区的温度等级数；w 为权重值，取第 i 级的级值；p 为第 i 级的百分比。

4.1.3 土地利用动态变化

4.1.3.1 土地利用变化强度

土地利用变化强度指数是指在某一区域 i（空间单元）内，单位面积上土地利用类型 j 从 a 时期到 b 时期发生的改变（李晓文，2003），是对该空间单元面积变化速度的标准化，其计算公式如下：

$$LTI_i=\frac{K_{j,b}-K_{j,a}}{LA_i}\times\frac{1}{T}\times 100\% \tag{4-7}$$

式中，$K_{j,a}$、$K_{j,b}$ 分别为研究初期 a 及研究末期 b 土地利用类型 j 在空间单元 i 内的面积；LA_i 为空间单元 i 的土地面积；T 为研究末期和初期的时间间隔。

4.1.3.2 土地利用动态度

单一化土地利用动态度，是描述区域一定时间范围内不同土地利用类型的变化速率和变化幅度的指标(吴琳娜,2014),反映人类活动对单一土地利用类型的影响,其表达式为:

$$K=\frac{U_{bi}-U_{ai}}{U_{ai}}\times\frac{1}{T}\times 100\% \tag{4-8}$$

式中,K 为研究时段内某一土地利用类型动态度;U_{ai} 和 U_{bi} 分别为研究期初期和末期某一土地利用类型 i 的面积;T 为研究时段。

4.1.3.3 灰色关联模型

灰色关联模型(苏维词,2014)是对一个系统发展变化态势的定量描述和比较的方法，其基本思想是通过确定参考数列和若干个比较数列的相似程度来判断其联系是否紧密,它反映了变量间的关联程度。传统灰色关联模型在确定参考数列和比较数列并将其标准化的基础上，求解变量将的关联系数和关联度,其计算公式如下:

$$\gamma[x_0(k),x_i(k)]=\frac{\min\limits_i\min\limits_k\left|x_0(k)-x_i(k)\right|+\rho\max\limits_i\max\limits_k\left|x_0(k)-x_i(k)\right|}{\left|x_0(k)-x_i(k)\right|+\rho\max\limits_i\max\limits_k\left|x_0(k)-x_i(k)\right|} \tag{4-9}$$

$$\gamma(X_0,X_i)=\frac{1}{n}\sum_{i-1}^{n}\gamma[x_0(k),x_i(k)] \tag{4-10}$$

式中,$x_0(k)$和 $x_i(k)$分别为参考数列和比较数列;ρ 为分辨系数,$0<\rho<1$,一般取 0.5;$\gamma(x_0(k),x_i(k))$ 为关联系数;$\gamma(X_0,X_i)$ 为关联度;$\min\limits_i\min\limits_k\left|x_0(k)-x_i(k)\right|$和$\max\limits_i\max\limits_k\left|x_0(k)-x_i(k)\right|$分别为两级极小差和两级极大差。

4.1.4 贡献度指数

城市地表由不同土地利用类型组成,其对城市热环境贡献差异性明显,因此根据不同土地利用类型，对城市热环境影响作用差异构建城市热环境的源和汇,二者分别表示对城市热环境起升温和降温作用的土地利用类型。源汇景观对城市热环境的贡献程度可通过贡献度指数（Contribution Index,*CI*)定量表征(孙宗耀,2018)。为探讨不同时期土地利用类型对研究区城市热环境的影响程度，本书选用贡献度指数描述土地利用类型对城市热环境贡献度,其正负值分别表征土地利用类型对城市热环境的升温(源)和降温(汇)作用,其表达式为:

$$CI=D_t \cdot S \tag{4-11}$$

式中,CI 为研究区内土地利用类型对热环境的贡献度指数;D_t 为该区域某种土地利用类型地表平均温度与区域地表平均温度差值;S 为该区域某种土地利用类型占区域面积的比例。

4.1.5 植被动态变化

4.1.5.1 植被指数

植被指数（Vegetation Index,*VI*）是采用数学方法定量地对地表植被状况(覆盖率、生物量)进行简单、有效和经验的度量。在遥感影像中,由于植被信息中混合这土壤亮度、环境影响、阴影以及湿度等光谱信息,且易受大气和时相的影响,因此很难用一个通用的数值来表示。描述植被指数的数学模型不同,其数值也往往也随之变化。植被指数的发展与遥感理论和传感器的发展密切相关,如比值植被指数(*RVI*)主要是针对 Landsat /MSS 传感器和特定目的设计的,其值是原始波段的比值,该指数未考虑大气、土壤亮度和土壤颜色对指数的影响以及土壤和植被之间的相互作用，模型较为简单但也因此受到了一定的限制。随着遥感理论的不断发展完善,对植被指数的精度要求也越来越高,大多数指数都建立在物理模型基础上,使植被指数有了很大发展,这些指数不但综合考虑了电磁波辐射、大气、土壤背景等因素对指数的影响,而且还考虑了它们之间的相互作用,如垂直植被指数(*PVI*)、土壤调节植被指数(*SAVI*)、归一化植被指数(*NDVI*)等,它们普遍基于反射率值,是为解决与植被指数相关但仍未解决的一系列问题而设计。此外，还有一些植被指数是随着高光谱遥感和热红外遥感的发展而出现的，如*DVI*、*Ts-VI*、*PRI* 等，它们是随着遥感技术的不断发展完善以及应用的逐渐深入而出现的新形式（张立福，2005）。常用植被指数见表 4-1。

表 4-1　常用植被指数及其计算公式

光谱指数	计算公式	文献来源
归一化植被指数（*NDVI*）	$(R_{nir}-R_r)/(R_{nir}+R_r)$	Rouse et al. 1974
比值植被指数（*RVI*）	R_{nir}/R_r	Jordan 1969
垂直植被指数（*PVI*）	$(R_{nir}-aR_r-b)/(1+a^2)^{1/2}$	Richardson 1977
土壤调整植被指数（*SAVI*）	$(1+0.5)(R_{nir}-R_r)/(R_{nir}+R_r+0.5)$	Huete 1988
可见光大气阻抗指数（*VARI*）	$(R_g-R_r)/(R_g+R_r-R_b)$	Gitelson et al. 2002
转换土壤调节植被指数（*MSAVI2*）	$0.5[(2R_{nir}+1)-[(2R_{nir}+1)2-8(R_{nir}-R_r)]1/2]$	Qi et al. 1994
绿色比值植被指数（*GRVI*）	$(R_{nir}/R_g)-1$	Gitelson et al. 2003

注：R_{nir}、R_r、R_g 和 R_b 分别为近红外、红、绿和蓝波段的光谱反射率

如前所述，虽然新出现的植被指数综合考虑了大气、土壤、雪等因素也因此得到了一定的应用，但由于归一化植被指数对植被的生长势和生长量非常敏感，不仅能检测植被生长状态，较为准确地估算区域植被覆盖度，在一定程度上能代表地表植被的动态变化，而且还能消除辐射误差，因此在众多植被指数中应用最为广泛的还是归一化植被指数（Normalized Difference Vegetation Index，*NDVI*）。*NDVI* 最早由 Ruoes 等在1974 年提出，其原理太阳光谱在红波处被植被叶绿素强烈吸收，而在近红外处被叶细胞结构强烈反射。研究表明，该指数是地表反映植被生长状况的最佳指示因子（赵英时，2003；张学霞，等，2005；赵静，等，2008）。因此，本文选用 *NDVI* 来描述绿度指标，其计算公式为：

$$NDVI=(\rho_{NIR}-\rho_{Red})/(\rho_{NIR}+\rho_{Red}) \qquad (4-12)$$

4.1.5.2 像元二分模型

像元二分模型(Leprieur C,1994)是基于线性混合像元分解模型的一种计算植被覆盖度的常用方法。1998 年,Gutman 和 Ignatov 发现了植被覆盖度与 *NDVI* 之间的半经验关系,并构建了从 *NDVI* 中提取植被覆盖度的混合像元模型,该模型可以表达为:

$$f_c=(NDVI-NDVI_{soil})/(NDVI_{veg}-NDVI_{soil}) \quad (4\text{–}13)$$

式中,$NDVI_{veg}$ 为完全被植被覆盖的 *NDVI* 值。$NDVI_{soil}$ 为完全被裸土覆盖的 *NDVI* 值。$NDVI_{soil}$ 在理论上应该接近零且不随时间变化，但是受大气状况、地表粗糙度、地表水分状况以及太阳辐射等因素的影响，$NDVI_{soil}$ 随空间、时间而变化，其变化范围一般为-0.1~0.2,因此应该根据不同研究区的具体情况来确定 $NDVI_{soil}$ 的值(Mu,2013)。而 $NDVI_{veg}$ 值则与植被类型、分布特征以及季节变化密切相关，因此 Gillies 等于 1997 年得出公式 4–35 计算植被覆盖度:

$$f_c=(NDVI-NDVI_{min})/(NDVI_{max}-NDVI_{min}) \quad (4\text{–}14)$$

本研究分别对 4 期 *NDVI* 影像数据进行直方图统计分析，确定 $NDVI_{max}$ 和 $NDVI_{min}$ 在累积概率 95%和 5%处，将其分别设置为 $NDVI_{veg}$ 和 $NDVI_{soil}$ 的值,其中最大值为纯植被覆盖区值,最小值为纯裸土覆盖区值。

4.1.5.3 植被覆盖度等级划分

参照水利部颁布的《土壤侵蚀分类分级标准 SL190–2007》和国家林业局颁布的《第四次全国荒漠化和沙化监测技术规定》,结合盐池县植被覆盖的实际情况,将研究区植被覆盖度分为 5 级：Ⅰ级($0\% \leq f_c < 10\%$)为无植被覆盖区(裸地);Ⅱ级($10\% \leq f_c < 20\%$)为极低植被覆盖度;Ⅲ级($20\% \leq f_c < 30\%$)为低植被覆盖度;Ⅳ级($30\% \leq f_c < 40\%$)为中植被覆盖度;Ⅴ级($f_c \geq 40\%$)为高植被覆盖度。

4.1.6 温度植被指数(TVX)空间轨迹分析

TVX 是一种以地表温度与植被指数绘制成的散点图来研究两者之间关系的空间分析方法，即以地表温度和植被指数分别作为 TVX 空间的横、纵坐标，构建 TVX 空间；以某种土地利用类型为聚类点，计算各土地利用类型在空间中的位置，其初始位置决定了运动轨迹路径的幅度和方向（丁海勇，2018）。通过研究 TVX 聚类点的空间运动轨迹，从而分析地表温度的时空变化特征，揭示出土地利用类型变化对地表温度的影响。根据 TVX 空间变化轨迹，计算各类型土地利用类型变化点的向量幅度，其公式如下：

$$L=\sqrt{(x'-x)^2+(y'-y)^2}\times 100\% \quad (4\text{–}15)$$

式中，L 为变化向量幅度；x、y 分别表示为土地利用类型变化初期的植被覆盖度和归一化地表温度；x'、y' 分别表示为土地利用类型变化末期的植被覆盖度和归一化地表温度。

4.2 结果与分析

4.2.1 热环境时空变化

根据公式 4–1 至 4–4 反演得到研究区 4 个时期的地表温度，在利用 MODIS 地表温度产品进行地表温度反演精度检验时，首先将其重采样至空间分辨率为 30 m，然后与 Landsat 数据进行配准，最后随机生成点间距为 1 000 m 的 198 个点，分别提取 2010 年和 2017 年的 MODIS 地表温度产品数据和 Landsat 反演得到的地表温度反演数据并进行相关性分析，结果显示 2 个年份的相关系数分别为 0.71 和 0.73，较好地满足了研究需求。

利用公式 4–5 将反演得到的 4 个时期的地表温度正规化，使其分布范围统一到 0~1，采用自然间断点法将正规化后的地表温度影像分为特高温、高温、较高温、中温、次中温、较低温和低温 7 个等级(图 4-3),并统计各等级的面积，在此基础上根据公式4-6 计算 4 个时期的城市热岛比例指数(表 4-2)。本研究中,正规化温度等级为 7 级,热岛由特高温、高温和较高温3个等级构成,取 m=7、n=3。结果显示,1989—1999 年,热岛范围有所扩大,面积增加了约 72.92 km^2，其中高温区域约占热岛增加面积的 57.97%;1999—2010 年,热岛面积略有增加,其中较高温区域增加,而高温和特高温区面积有所减小;2010—2017 年,热岛继续扩大,面积持续增加,共增加约108.1 km^2,高温和特高温区约占热岛增加面积的 38.71%;1989—2017 年,研究区热岛范围随着城市扩展不断扩大,主要组成热岛的特高温、高温和较高温区域面积持续增加,城市热环境空间格局发生了较大变化。1989 年,热岛主要分布于研究区西北部的贺兰山山前、西夏区南部以及兴庆区老城区,贺兰山山前和西夏区南部在该时期大部分为沙地,其比热容相对较小,温度较高,属于高温和特高温区,而城市建成区主要集中在老城区,因此该区域温度为特高温区。1999 年,热岛区域面积明显增加,具有与 1989 年相似的空间分布特征,但此时西夏区、金分区和兴庆区的建成区已逐渐连通,热岛效应更加明显。2010 年,贺兰山山前的高温和特高温区域面积明显减小,而随着城市不断扩展,热岛持续蔓延,主要分布在城市建成区。2017 年,城市继续扩展，基本覆盖银川市绕城高速内区域，高温区域主要分布在西夏区及贺兰县，且兴庆区热岛逐渐演化为相互独立的小次级热岛，呈现出空心化的特征,城市的强烈热岛效应得到了一定地缓解,在兴庆区的老城区尤为明显。研究区城市热岛比例指数（URI）从 1989 年的 0.199 上升到了 2017 年的0.337,整体表现为上升的趋势特征。从空间分布上看,4 个年份的热环境呈现出西部地表温度整体高于东部的特征,且由于城市化进程的不断加速,热岛区域逐渐集中分布于城市建成区。

表 4–2 银川市建成区不同时期地表温度等级面积及热岛比例指数统计表

等级	面积/km²				面积变化/km²			
	1989 年	1999年	2010年	2017年	1989—1999年	1999—2010年	2010—2017年	1989—2017年
低温(1)	154.68	157.11	7.35	54.19	2.43	−149.76	46.84	−100.49
较低温(2)	227.56	228.03	259.92	149.63	0.47	31.89	−110.29	−77.94
次中温(3)	233.04	199.08	264.23	203.16	−33.96	65.15	−61.07	−29.88
中温(4)	213.45	171.60	213.78	230.20	−41.85	42.17	16.42	16.74
较高温(5)	126.70	135.91	162.77	229.02	9.21	26.86	66.25	102.32
高温(6)	77.64	119.91	117.15	158.44	42.27	−2.76	41.29	80.80
特高温(7)	60.53	81.96	68.41	68.97	21.43	−13.55	0.56	8.45
URI	0.199	0.258	0.261	0.337	—	—	—	—

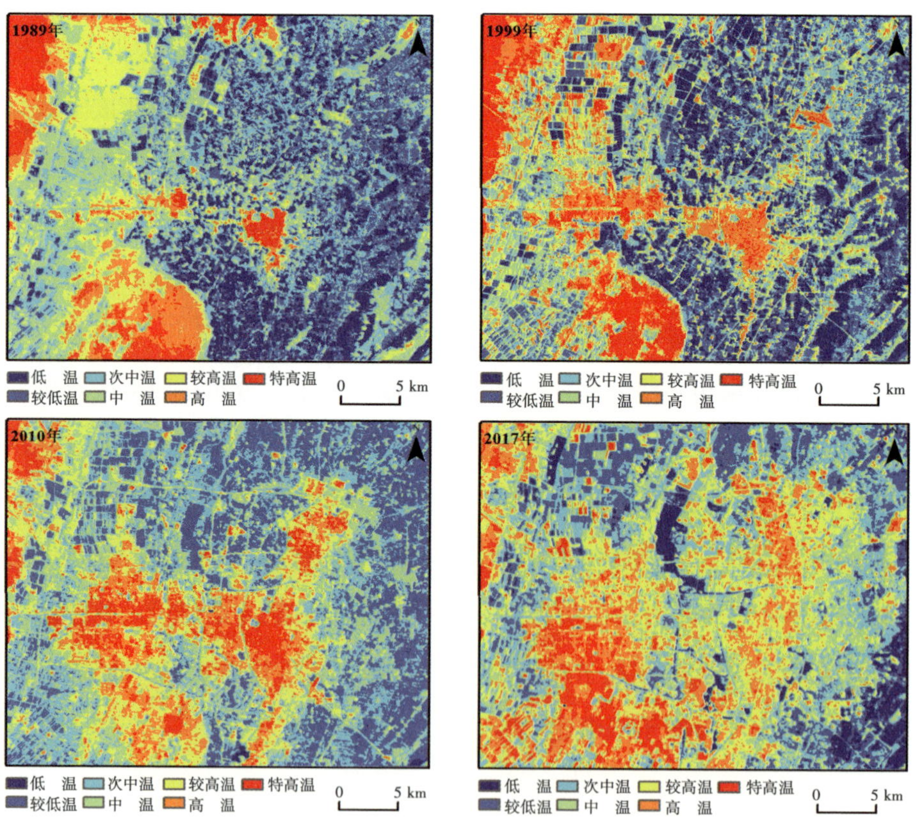

图 4–3 银川市不同年份城市建成区地表温度分级空间分布图

4.2.2 热环境动态监测

将研究区热环境变化幅度分为 5 级，即无明显变化、略有升温、明显升温、略有降温和明显降温(表 4–3，图 4–4)。变化检测结果表明，1989—1999 年，研究区明显升温的面积比例约 1.02%，主要分布在城市建成区；而明显降温区域占研究区面积的 1.28%，主要分布在研究区的北部。1999—2010 年，明显升温面积所占比例有所上升，约占总面积的 3.82%，主要分布在贺兰县、西夏区、金凤区以及兴庆区等城市建成区的扩展区域；明显降温区域仅占研究区面积的 0.84%，主要分布在研究区的西北部。2010—2017 年，明显升温面积所占比例较前一时期有所下降，约占总面积的 2.45%，主要分布在城市建成区周边，而城市建成区的温度略有下降。28 年间，研究区明显升温和略微升温面积占比分别为 7.38%和 47.99%，主要分布在城市建成区；而明显降温和略微降温面积约占研究区的 26.54%，其中明显降温区域比例仅为 1.47%，主要分布在研究区的西北部，总体上热环境呈升温趋势。转移矩阵结果表明，温度等级上升的幅度和比例显著高于温度下降的幅度和比例，地表温度整体上升(表 4–4)。

表 4–3　银川市不同时期热环境面积变化

等级	级差	1989—1999 年		1999—2010 年		2010—2017 年		1989—2017 年	
		面积 /km²	比例 /%	面积 /km²	比例 /%	面积 /km²	比例 /%	面积 /km²	比例 /%
明显升温	–6，–5，–4	11.16	1.02	41.80	3.82	26.83	2.45	80.68	7.38
略微升温	–3，–2，–1	413.97	37.85	410.36	37.52	397.94	36.39	524.82	47.99
无明显变化	0	375.50	34.34	304.98	27.89	334.35	30.57	197.86	18.09
略微降温	1，2，3	279.00	25.51	327.25	29.92	333.02	30.45	274.22	25.07
明显降温	4，5，6	13.98	1.28	9.22	0.84	1.46	0.13	16.03	1.47

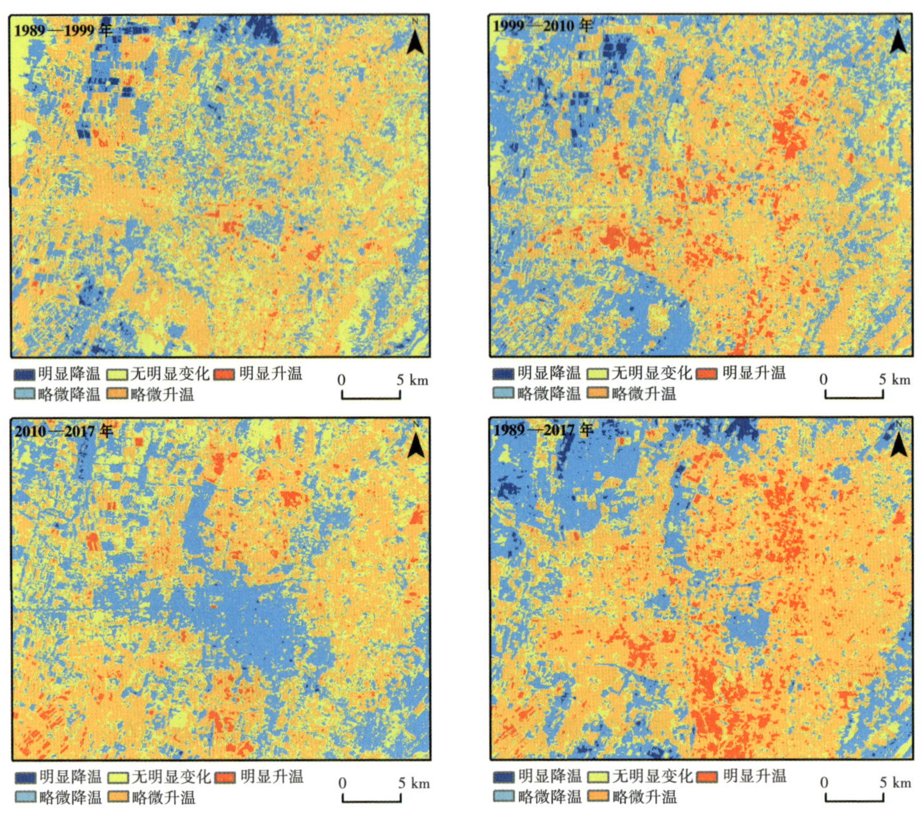

图 4-4　银川市不同时期热环境变化监测图

表 4-4　1989—2017 年研究区热环境等级转移矩阵

单位：%

热环境等级		1989 年						
		低温	较低温	次中温	中温	较高温	高温	特高温
2017 年	低温	12.08	5.09	5.37	3.43	2.80	0.66	0.05
	较低温	16.83	15.41	14.41	12.62	16.79	5.24	4.41
	次中温	19.90	23.30	20.41	17.59	17.58	8.72	8.59
	中温	20.67	25.06	23.66	21.63	16.62	13.68	13.59
	较高温	17.17	19.27	22.00	23.16	18.99	22.34	27.28
	高温	10.84	9.69	11.38	15.43	16.10	24.60	34.11
	特高温	2.52	2.18	2.77	6.14	11.13	24.76	11.96
合　计		100	100	100	100	100	100	100

4.2.3 剖面热环境对比

为了进一步比较28 年间研究区热环境的空间总体变化规律，揭示其热环境的宏观特征，本书从不同方向做 A、B、C 3 条贯穿整个研究区域的剖面线，分别沿剖面线方向提取 1989 年和 2017 年的地表温度数据，制作 2 个时期 3 条剖面线的地表温度剖面（图 4–5）。结果显示，1989 年的 A、B、C 剖面

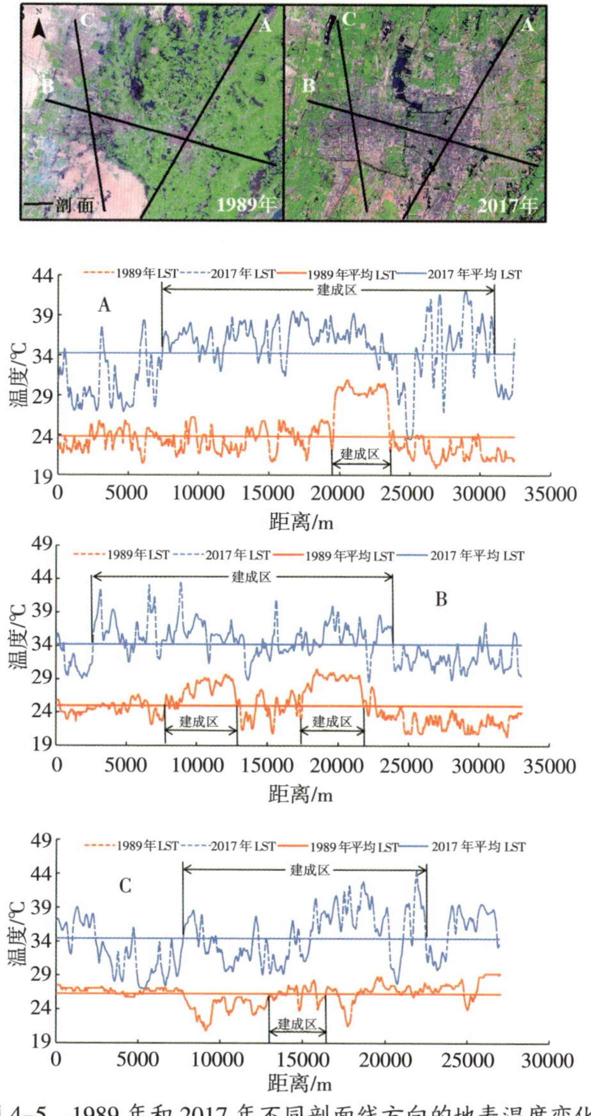

图 4–5　1989 年和 2017 年不同剖面线方向的地表温度变化

线平均地表温度分别为 23.81℃、24.96℃和 26.26℃,均低于 2017 年的34.25℃、34.18℃ 和 34.44℃,增幅分别为 10.44℃、9.22℃和 8.18℃,表明 28 年间研究区热环境发生了较大变化,地表温度整体呈升高趋势,且 A 剖面线方向地表温度增幅最大。从图 4-5 中可以看出,1989 年由于城市规模很小,城市建成区周边多为植被覆盖区,因此地表温度相对较低,但建成区地表温度明显高于周边区域,3 条剖面线中出现的明显高峰区即为该时期的建成区地表温度;随着城市不断扩展,2017 年城市建成区面积快速增加,使研究区内地表温度明显上升,A、B、C 剖面线中高峰区长度也显著增加,且 A 剖面线方向地表温度变化最大。

4.2.4 土地利用变化

4.2.4.1 土地利用时空分布变化特征

4.2.4.1.1 土地利用分布及变化总体特征

由图 4-6 和表 4-5 可知, 银川市最主要的土地利用类型为耕地和城乡工矿居民用地,城乡工矿居民用地分布在区域中部,整体呈东西向展布,耕地则集中分布在城市周边。1989—1999 年,耕地、林地、水域以及城乡工矿居民用地面积增加,而草地和未利用土地面积减小,其中耕地、草地和未利用土地变化最为明显,分别为 460.12 km^2、−108.18 km^2 和−458.07 km^2。1999—2010 年,水域和城乡工矿居民用地面积持续增加,其他土地利用类型面积均有不同程度的减小,其中城乡工矿居民用地面积增加约 102.74 km^2,耕地面积减小约 102.98 km^2。2010—2017 年, 除城乡工矿居民用地面积继续增加 87.89 km^2,其他土地利用类型面积均呈减小趋势。

整体来看,随着城市化进程的不断加速,28 年间银川市城区的土地利用空间格局发生了较大变化,各类型土地利用面积绝对变化量为未利用土地>耕地>城乡工矿居民用地>草地>水域>林地。未利用土地和草地面积逐年减少,而城乡工矿居民用地面积逐年增加且保持较高增长速度;耕地在1989—

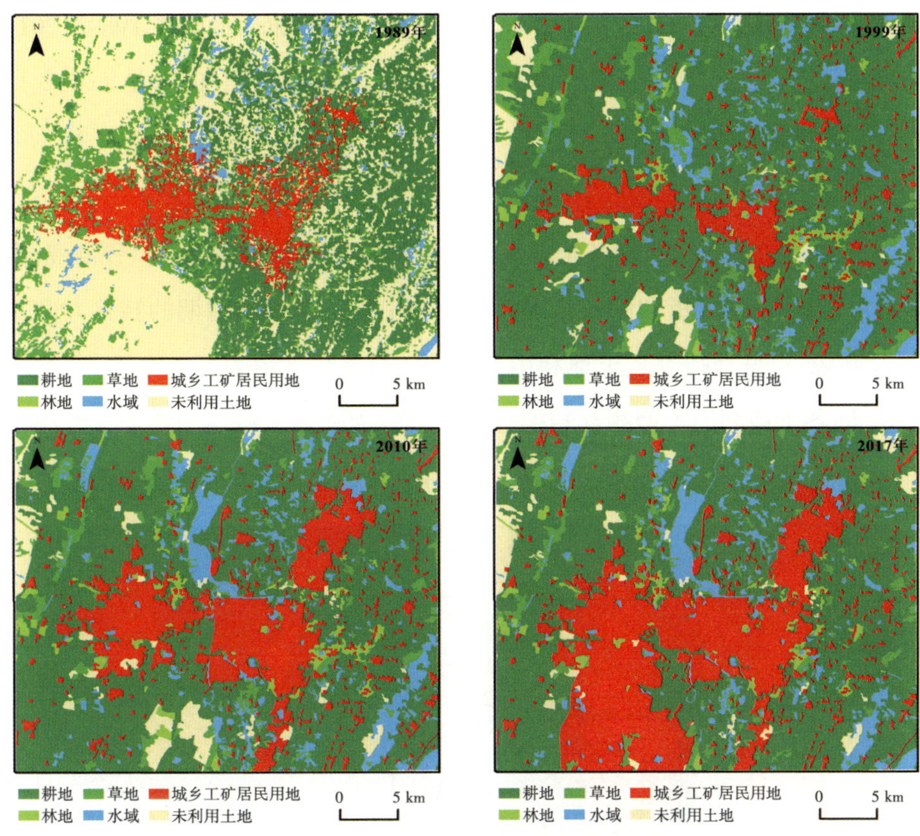

图 4–6　研究区不同年份土地利用图

表 4–5　研究区土地不同时期土地利用变化

等级	面积/km²				面积变化/km²			
	1989 年	1999 年	2010 年	2017 年	1989—1999 年	1999—2010 年	2010—2017 年	1989—2017 年
耕地	314.31	774.43	671.45	621.41	460.12	−102.98	-50.04	307.11
林地	5.73	25.85	25.51	20.85	20.12	−0.34	−4.66	15.12
草地	169.89	61.71	47.48	41.21	−108.18	−14.23	−6.27	−128.68
水域	30.85	71.25	86.33	74.58	40.39	15.08	−11.75	43.73
城乡工矿居民用地	65.02	110.63	213.37	301.26	45.61	102.74	87.89	236.24
未利用土地	507.81	49.74	49.46	34.29	−458.07	−0.28	−15.18	−473.52

1999 年大幅增加，1999 年后有所减小，整体面积增加；水域在 1989—2010 年面积逐年增加，2010 年之后面积略有减小，总量明显增加；林地面积变化最小，仅增加了15.12 km²。

4.2.4.1.2 土地利用类型转移情况

掌握研究区 4 个时期各土地利用类型的变化图和转移矩阵（图 4–7，表 4–6），能够定量分析和深入了解各土地利用类型在不同时期的转移方向及补充来源，更好地探究各土地利用类型的转换关系。由表 4–6 可知，研究区 28 年间各土地利用类型相互转换程度整体较为强烈，耕地的增加主要源于草地和未利用土地转入，城乡工矿居民用地的增加主要源于耕地、草地和未

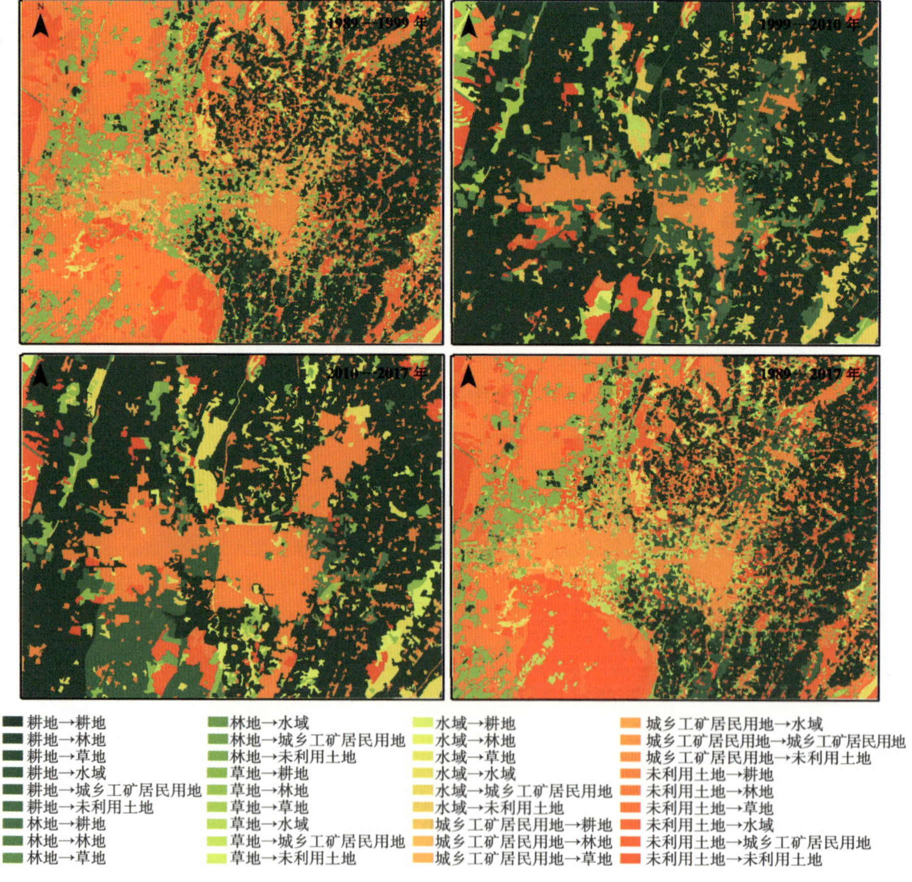

图 4–7 研究区不同时期土地利用变化图

利用土地的转入，林地和水域面积变化相对较小，主要由耕地、草地和未利用土地转入，草地和未利用土地主要呈转出状态，面积明显减少。

表 4-6 银川市不同时期土地利用转移矩阵

单位：%

土地利用类型		1989 年					
		耕地	林地	草地	水域	城乡工矿居民用地	未利用土地
1999 年	耕地	89.90	69.93	78.47	35.70	35.96	65.70
	林地	1.79	21.40	4.42	0.26	3.90	1.60
	草地	2.76	0.35	3.32	9.14	1.08	9.27
	水域	1.64	0.09	6.58	49.49	5.90	7.21
	城乡工矿居民用地	3.62	7.96	6.41	0.99	51.34	6.75
	未利用土地	0.29	0.27	0.80	4.42	1.82	9.46
合计		100	100	100	100	100	100
热环境等级		1999 年					
		耕地	林地	草地	水域	城乡工矿居民用地	未利用土地
2010 年	耕地	84.20	0.78	13.52	3.30	0.83	15.37
	林地	0.09	87.56	1.94	0.14	0.04	1.67
	草地	0.49	0.00	63.35	2.14	0.00	6.21
	水域	2.01	0.01	9.91	89.33	0.14	1.66
	城乡工矿居民用地	11.97	11.59	1.61	4.37	98.99	8.01
	未利用土地	1.24	0.05	9.66	0.72	0.00	67.08
合计		100	100	100	100	100	100
热环境等级		2010 年					
		耕地	林地	草地	水域	城乡工矿居民用地	未利用土地
2017 年	耕地	88.23	8.86	7.53	19.95	1.69	4.94
	林地	0.00	81.73	0.00	0.00	0.00	0.00

续表

热环境等级		2010 年					
		耕地	林地	草地	水域	城乡工矿居民用地	未利用土地
2017 年	草地	0.28	0.00	81.54	0.36	0.16	0.00
	水域	0.48	0.22	6.09	78.82	0.02	0.70
	城乡工矿居民用地	11.02	9.19	1.28	0.87	98.14	28.47
	未利用土地	0.00	0.00	3.57	0.01	0.00	65.89
合计		100	100	100	100	100	100
热环境等级		1989 年					
		耕地	林地	草地	水域	城乡工矿居民用地	未利用土地
2017 年	耕地	74.76	60.66	60.99	37.80	15.86	53.77
	林地	1.38	18.40	3.52	0.26	2.78	1.41
	草地	2.94	0.49	3.05	3.71	1.35	5.18
	水域	3.18	0.95	6.06	46.41	4.21	7.63
	城乡工矿居民用地	16.27	19.21	25.51	7.78	74.43	26.55
	未利用土地	1.47	0.30	0.86	4.05	1.37	5.46
合计		100	100	100	100	100	100

4.2.4.2 土地利用变化强度和动态度

分别利用公式4–7 和4–8 计算研究区不同时期的土地利用变化强度和土地利用动态度(表 4–7),结果表明,28 年间研究区土地利用变化结构的主体为耕地和城乡工矿居民用地。1989—1999 年,耕地的变化强度显著高于其他用地类型。1999 年以后,城市化进程加速,城乡工矿居民用地的变化强度也随之增强,位于各用地类型变化强度之首。草地由于植被恢复其变化强度呈增加趋势,林地和水域的变化强度呈减小趋势。

表 4–7 1989—2017 年银川市土地利用变化强度及土地利用类型动态度

类型	土地利用变化强度/%			
	1989—1999 年	1999—2010 年	2010—2017 年	1989—2017 年
耕地	4.21	−0.86	−0.65	1.00
林地	0.18	0.00	−0.06	0.05
草地	−0.99	−0.12	−0.08	−0.42
水域	0.37	0.13	−0.15	0.14
城乡工矿居民用地	0.42	0.85	1.15	0.77
未利用土地	−4.19	0.00	−0.20	−1.55
类型	土地利用动态度/%			
	1989—1999 年	1999—2010 年	2010—2017 年	1989—2017 年
耕地	14.64	−1.21	−1.06	3.49
林地	35.12	−0.12	−2.61	9.43
草地	−6.37	−2.10	−1.89	−2.71
水域	13.09	1.92	−1.94	5.06
城乡工矿居民用地	7.01	8.44	5.88	12.98
未利用土地	−9.02	−0.05	−4.38	−3.33

从土地利用动态度看（表 4–7），研究区不同土地利用类型的动态度差异明显。1989—1999 年，土地利用动态度递减顺序为林地>耕地>水域>城乡工矿居民用地>草地和未利用土地；1999—2010 年，土地利用动态度递减顺序为城乡工矿居民用地>水域>未利用土地>林地>草地>耕地；2010—2017 年，土地利用动态度递减顺序为城乡工矿居民用地>耕地>草地>水域>林地>未利用土地。28 年间土地利用动态度最大的土地利用类型为城乡工矿居民用地。

4.2.4.3 土地利用变化驱动机制

4.2.4.3.1 自然因素

土地利用变化是自然和人为因素影响的综合体现，其驱动力主要包括自然因素和人类社会经济活动 2 个方面。自然因素主要包括气温和降水，该因素是土地利用变化的基础条件。利用统计年鉴数据统计 1989—2017 年银川市年均气温和年均降水量（图 4-8），结果表明 28 年间研究区年均气温和年均降水量均呈上升趋势，但上升幅度平缓，虽然气温和降水出现了一定的波动，但从研究区各土地利用类型的变化情况来看，气温和降水短期内对银川市的土地利用变化影响并不明显。

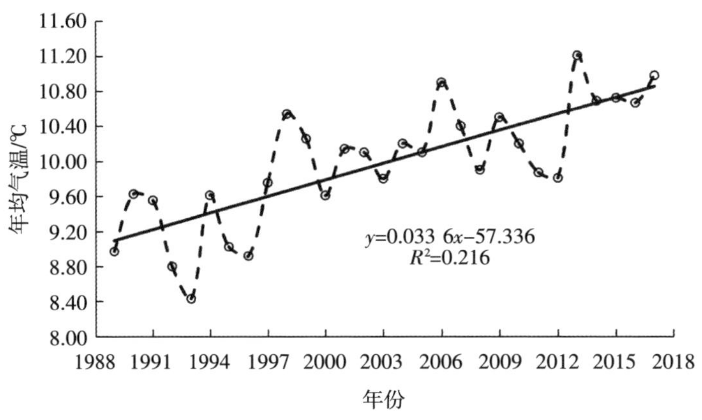

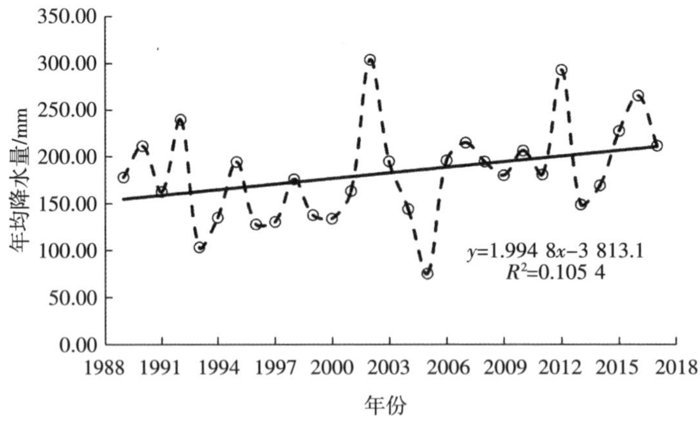

图 4-8　2000—2017 年银川市年均气温和年均降水量变化图

4.2.4.3.2　社会经济因素

选用的社会经济统计指标包括年末总人口数（万人）X_1、农业人口（万人）X_2、城镇人口（万人）X_3、地区生产总值（亿元）X_4、全社会固定资产投资总额

(亿元)X_5、房地产开发投资(亿元)X_6、第一产业总产值占比(%)X_7、第二产业总产值占比(%)X_8、第三产业总产值占比(%)X_9、城市居民人均可支配收入(元)X_{10}和农村居民人均可支配收入(元)X_{11}。基于 SPSS 软件,对上述 11 个指标进行主成分分析和因子分析。结果显示,旋转成分矩阵中有 2 个主成分因子(表 4-8),X_1、X_2和X_3在第一主成分上有较高载荷,主要反映了人口状况;X_4、X_5和X_6在第二主成分上有较高载荷,主要反映经济状况。在此基础上,采用灰色关联分析模型对银川市 3 个时期不同土地利用类型面积变化与X_1、X_2、X_3、X_4、X_5、X_6等主导驱动因子的关联度及土地利用驱动机理和过程进行分析。结果表明,银川市各土地利用类型与主导驱动因子的关联度平均值由高到低的顺序为城乡工矿居民用地>耕地>未利用土地>草地>水域>林地(表 4-9),其中城乡工矿居民用地、耕地和未利用土地与各驱动因素相关性较高,联度指数平均值分别为 0.787 4,0.784 2 和0.733 0,可见各主导驱动力影响因素对上述 3 种土地利用类型的变化具有显著影响作用,而对林地和水域影响较小。2000—2017 年,银川市人口由 2000 年的100.94×10^4人增长到 2017 年的222.54×10^4人,经济快速增长,GDP 增加了近 20倍,房地产投资从 2000 年的 11.54 亿元增长到 2017 年的 402.82 亿元,经济产业结构不断优化,城镇化进程加速推进,城乡工矿居民用地急剧扩张,土地利用结

表 4-8　旋转成分矩阵

驱动因子	主成分		驱动因子	主成分	
	PCA1	PCA2		PCA1	PCA2
X_1	0.899	0.438	X_7	−0.851	−0.525
X_2	0.982	0.187	X_8	0.822	0.386
X_3	0.891	0.454	X_9	0.08	0.797
X_4	0.583	0.813	X_{10}	0.608	0.794
X_5	0.554	0.833	X_{11}	0.528	0.649
X_6	0.574	0.819	—	—	—

表 4-9　银川市主导驱动因子与各用地类型关联度指数表

	耕地	林地	草地	水域	城乡工矿居民用地	未利用土地
X_1	0.920 2	0.152 8	0.440 8	0.248 7	0.933 6	0.817 2
X_2	0.951 6	0.184 2	0.472 2	0.376 2	0.910 5	0.847 4
X_3	0.897 5	0.225 9	0.418 2	0.322 0	0.936 4	0.795 4
X_4	0.708 0	0.133 2	0.421 2	0.229 2	0.717 2	0.707 8
X_5	0.612 7	0.037 8	0.325 8	0.061 3	0.612 0	0.613 7
X_6	0.615 4	0.061 6	0.328 4	0.136 4	0.615 0	0.616 4
平均值	0.784 2	0.132 6	0.401 1	0.229 0	0.787 4	0.733 0

构变化较大，大量耕地和未利用土地被占用。此外，由于退耕还林还草政策和“生态立市”战略的实施，17 年间草地面积增加，2017 年银川市绿化覆盖率和森林覆盖率分别达到了 42.07%和 16%。

综上所述，影响银川市土地利用变化的主要驱动因素为社会经济因素，尤其是年末总人口数、农业人口、城镇人口、地区生产总值、全社会固定资产投资总额、房地产开发投资等 6 个主导驱动因子对区域土地利用类型的变化影响显著。因此，人口增加、经济增长、城市化等社会经济因素和区域宏观政策是 2000—2017 年银川市土地利用结构调整和变化的主要驱动力。

4.2.4.4　土地利用对区域热环境贡献度

根据研究区土地利用类型空间分布和变化情况，分别统计 1989 年、1999 年、2010 年和 2017 年各土地利用类型的比例和地表平均温度，根据公式4-11 计算 4 个年份各土地利用类型对银川市热环境的贡献度指数，结果如表 4-10 所示。1989 年，耕地、林地、草地和水域平均温度均低于区域平均温度，为银川市热环境的汇，而城乡工矿居民用地和未利用土地则为源，且该时期未利用土地对热环境的贡献度最大。1999 年，耕地、林地和水域平均温度均低于区域平均温度，草地、城乡工矿居民用地和未利用土地高于区域平均温度，该时期城乡工矿居民用地对区域热环境的贡献度最大。2010 年，耕地和水域为该时期热环境的汇，而其他土地利用类型则为源，且城乡工矿居民用地对区域热环境的贡献度持续增加。2017 年，研究区热环境源和汇的类型与2010 年相同，耕地对区域热环境的贡献度与前期相当，但城乡工矿居民用地对区域热环境的贡献度达到了 0.76，该时期各土地利用类型中贡献度最大。

整体来看，28 年间各土地利用类型中耕地、水域、城乡工矿居民用地和未利用土地对银川市热环境贡献较大，而草地和林地相对贡献较小；耕地和水域为热环境的汇，城乡工矿居民用地和未利用土地则为源。随着城市化进程加速，研究区土地利用类型面积变化显著，耕地和未利用土地向城乡工矿居民用地转化趋势明显，使该类型土地面积迅速增加，空间聚集度增强，建筑强度增大，导致地表温度与区域平均温度差值增加，热环境贡献度指数明显上升，增加了 0.63；水域和未利用土地对区域热环境贡献度呈下降趋势，而耕地对热环境贡献度则呈上升趋势。

表 4–10　银川市不同时期各土地利用类型热环境贡献度指数

土地利用类型	1989 年			1999 年			2010 年			2017 年		
	面积比例/%	温度距平均值	贡献度指数	面积比例/%	温度距平均值	贡献度指数	面积比例/%	温度距平均值	贡献度指数	面积比例/%	温度距平均值	贡献度指数
耕地	45.70	−2.53	−1.16	71.12	−1.05	−0.75	61.66	−0.92	−0.57	55.23	−0.98	−0.54
林地	1.84	−0.74	−0.01	2.37	−0.09	0.00	2.34	0.30	0.01	1.91	0.29	0.01
草地	11.00	−0.41	−0.05	5.67	0.44	0.02	4.36	0.72	0.03	3.78	0.83	0.03
水域	4.85	−1.13	−0.05	6.54	−1.97	−0.13	7.93	−1.44	−0.11	8.69	−4.08	−0.35
城乡工矿居民用地	9.18	1.46	0.13	9.73	3.09	0.30	19.17	2.91	0.56	27.24	2.80	0.76
未利用土地	27.42	1.62	0.44	4.57	3.31	0.15	4.54	2.00	0.09	3.15	1.43	0.05

4.2.5 植被变化

4.2.5.1 植被覆盖度时空格局变化

利用像元二分模型计算研究区 4 个时期的植被覆盖度并对其进行分级，得到银川市不同时期的植被覆盖度空间分布图（图 4–10）。结果表明，研究区植被覆盖度整体表现出东部相对较高、西部较低的特点，覆盖等级较高的植被主要分布在城市建成区周边，土地利用类型多为耕地。28 年间研究区植被覆盖度整体呈现减小趋势，中西部地区植被退化明显。1989—1999 年，植被覆盖度减小，植被退化，主要集中在研究区中部的城市建成城区和西部贺兰山山前；1999—2010 年，植被覆盖度增加，植被出现恢复，主要分布在西

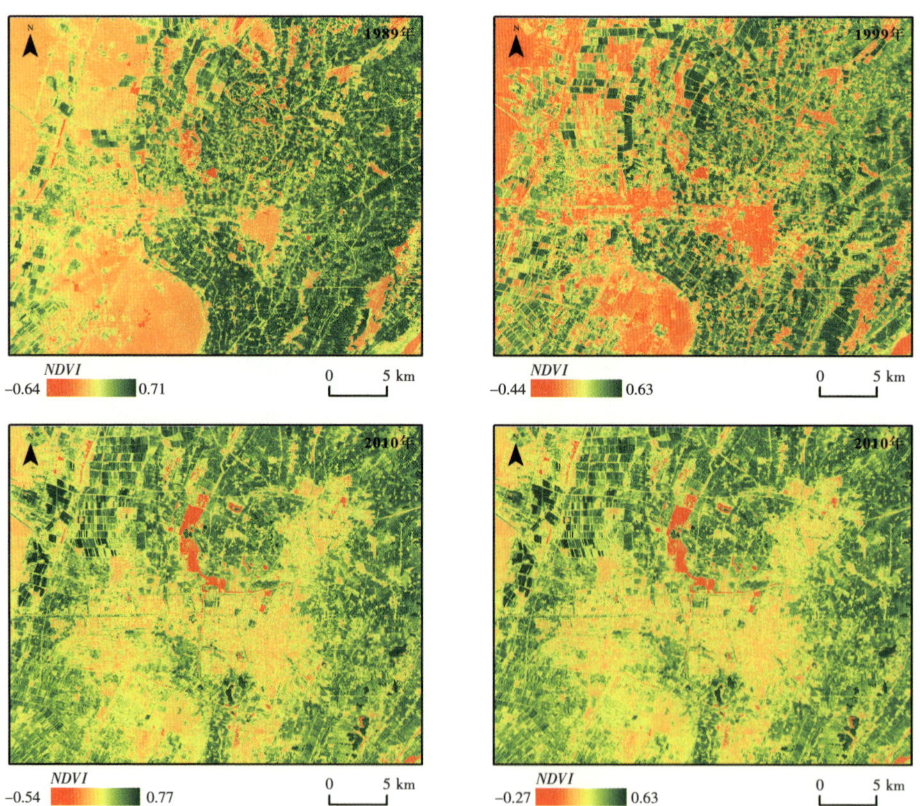

图 4–9　1989—2017 年银川市植 NDVI 空间格局分布图

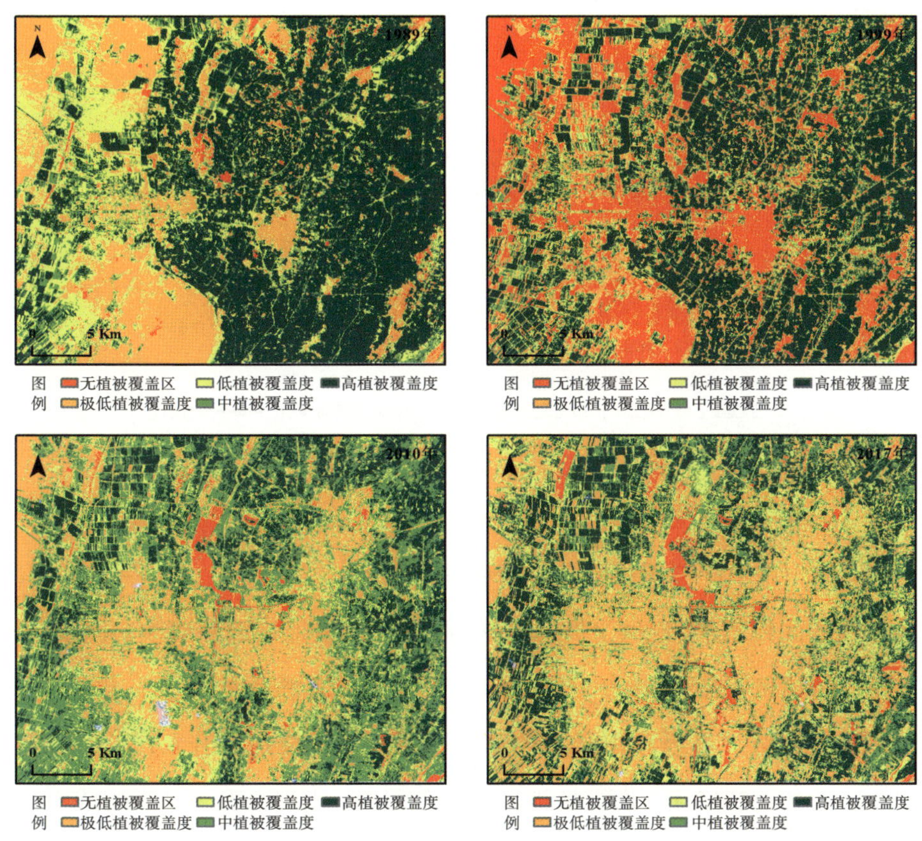

图 4-10　1989—2017 年银川市植被覆盖度空间格局分布图

夏区城市建成区周边；2010—2017 年，植被覆盖度下降，植被退化，主要分布在研究区东部。

4.2.5.2　植被覆盖度年度变化

对研究区 1989—2017 年 5 个级别植被覆盖度的面积和植被平均覆盖度分别进行统计，得到 1989 年、1999 年、2010 年和 2017 年的平均覆盖度分别为0.67、0.60、0.63、0.56，并根据以上数据制作研究区不同时期植被覆盖度直方图(图 4-11)。由图 4-11 可知，研究区植被覆盖度总体较高，主要集中在 0.5~0.7，1989—2017 年植被平均覆盖度整体呈减小趋势，植被表现为退化—恢复—退化的变化过程。

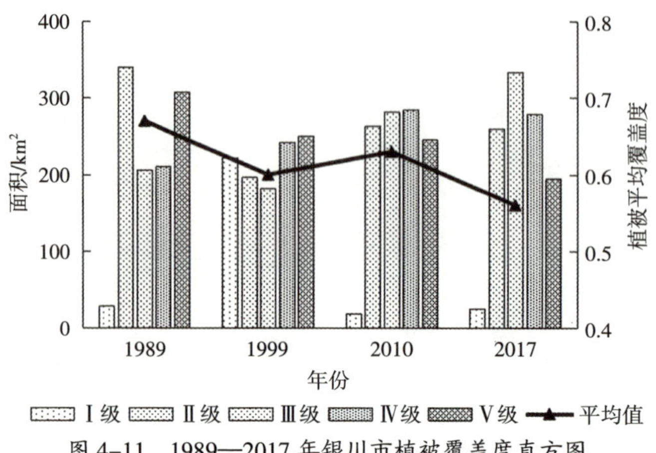

图 4-11 1989—2017 年银川市植被覆盖度直方图

4.2.5.3 植被面积变化

对银川市不同覆盖度的植被面积进行统计，结果显示，1989—1999 年，Ⅰ级裸地面积增加，比例上升 17.7%，Ⅱ级和 Ⅴ 级植被面积减少，比例分别下降 13.1%和 5.26%；1999—2010 年，Ⅰ级植被面积大幅减小，比例下降 18.62%；Ⅱ级、Ⅲ级和Ⅳ级植被面积增加，比例分别上升 6.1%、9.13%和 3.84%；2010—2017 年，Ⅲ级植被面积增加最多，比例上升了 4.78%，Ⅴ 级植被面积减小最多，比例下降了 4.63%；2010—2017 年，Ⅱ级和 Ⅴ 级植被面积减少，比例分别下降 7.3%和 10.33%，Ⅲ级和Ⅳ级植被面积增加，比例分别上升 11.69%和 6.21%(表 4-11)。

表 4-11 1989—2014年银川市植被覆盖面积及其变化率

植被覆盖度类型	1989 年		1999 年		2010 年		2017 年		变化率/(km²·年⁻¹)			
	面积/km²	比例/%	面积/km²	比例/%	面积/km²	比例/%	面积/km²	比例/%	1989—1999 年	1999—2010 年	2010—2017 年	1989—2017 年
Ⅰ级	28.61	2.62	222.23	20.32	18.61	1.70	25.68	2.35	19.36	-20.36	1.01	-0.10
Ⅱ级	339.88	31.08	196.58	17.98	263.26	24.07	260.08	23.78	-14.33	6.67	-0.46	-2.85
Ⅲ级	206.02	18.84	181.83	16.63	281.65	25.75	333.87	30.53	-2.42	9.98	7.46	4.57
Ⅳ级	211.13	19.31	242.55	22.18	284.52	26.02	279.02	25.51	3.14	4.20	-0.79	2.42
Ⅴ级	307.96	28.16	250.41	22.90	245.56	22.45	194.95	17.83	-5.76	-0.48	-7.23	-4.04

4.2.5.4 植被转化过程

由表 4-12 可知，1989—1999 年，植被退化主要是由于 46.18%的Ⅱ级植被转化为Ⅰ级裸地，44.74%的Ⅲ级植被转换为Ⅰ级裸地和Ⅱ级植被，39.7%的Ⅳ级植被转化为Ⅱ和Ⅲ级植被。1999—2010 年，植被转化过程中，81.15%的Ⅰ级裸地转化为Ⅱ和Ⅲ级植被，63.09%Ⅱ级植被转化为Ⅲ和Ⅳ级植被，

表 4-12　银川市不同时期植被覆盖度转移矩阵

单位：%

植被覆盖度类型		1989 年				
		Ⅰ级	Ⅱ级	Ⅲ级	Ⅳ级	Ⅴ级
1999 年	Ⅰ级	55.38	46.18	15.29	5.23	2.28
	Ⅱ级	24.95	25.70	29.45	14.18	3.80
	Ⅲ级	11.91	12.72	25.56	25.52	9.48
	Ⅳ级	5.49	9.27	19.48	34.01	32.25
	Ⅴ级	2.27	6.14	10.22	21.06	52.20
植被覆盖度类型		1999 年				
		Ⅰ级	Ⅱ级	Ⅲ级	Ⅳ级	Ⅴ级
2010 年	Ⅰ级	3.24	1.87	1.33	1.01	1.16
	Ⅱ级	53.51	27.33	16.08	12.94	12.25
	Ⅲ级	27.64	40.37	28.91	19.33	16.92
	Ⅳ级	10.84	22.73	35.23	31.29	30.96
	Ⅴ级	4.76	7.70	18.45	35.43	38.72
植被覆盖度类型		2010 年				
		Ⅰ级	Ⅱ级	Ⅲ级	Ⅳ级	Ⅴ级
2017 年	Ⅰ级	73.76	2.20	0.82	0.47	1.04
	Ⅱ级	15.81	49.62	22.37	13.39	10.58
	Ⅲ级	6.51	36.50	42.64	26.05	17.64
	Ⅳ级	2.58	9.18	24.91	37.24	32.61
	Ⅴ级	1.34	2.50	9.26	22.84	38.12

续表

植被覆盖度类型		1989 年				
		Ⅰ级	Ⅱ级	Ⅲ级	Ⅳ级	Ⅴ级
2017 年	Ⅰ级	14.75	2.39	2.16	1.53	1.87
	Ⅱ级	26.77	28.19	23.47	22.36	20.18
	Ⅲ级	21.50	33.04	31.19	30.12	28.96
	Ⅳ级	22.86	21.57	27.71	28.18	27.31
	Ⅴ级	14.12	14.81	15.47	17.82	21.67

53.68%的Ⅲ级植被转化为Ⅳ和Ⅴ级植被，植被出现了恢复。2010—2017 年，约有 22.37%的Ⅲ级植被转化为Ⅱ级植被，39.45%的Ⅳ级植被转化为Ⅱ和Ⅲ级植被，32.61%的Ⅴ植被转化为Ⅳ级植被，植被再次退化。28 年间，23.47%的Ⅲ级植被转化为Ⅱ级植被，52.48%的Ⅳ级植被转化为Ⅱ和Ⅲ级植被，76.45%的Ⅴ植被转化为Ⅱ、Ⅲ和Ⅳ级植被，植被整体退化。

4.2.6 温度植被指数(TVX)空间轨迹分析

为了将误差降到最低，本研究采用较长时间周期：1989—2017 年，提取 2 个时期由耕地、林地、草地、水域和未利用土地转化为城乡工况居民用地的各土地类型(图 4-12)，在此基础上，获得个土地利用类型的地表温度和植被覆盖度，以归一化地表温度为横坐标，植被覆盖度为纵坐标，构建基于土地利用类型的 TVX 空间，得到 TVX 空间变化轨迹(图 4-13)，再通过计算各土地利用类型变化向量幅度分析其变化对热环境的影响，可以研究地表温度的时空变化特征，探究土地利用变化导致的城市热岛效应。

由图 4-12 可知，1989—2017 年，大量的耕地、草地和未利用土地被城乡工况居民用地占用，使其面积不断增加。随着土地利用类型的变化，研究区植被覆盖度和地表温度也随之发生显著变化。1989 年，植被覆盖度较高的耕地、林地和草地在 TVX 空间的西北角，但却对应着较低的地表温度。随着经

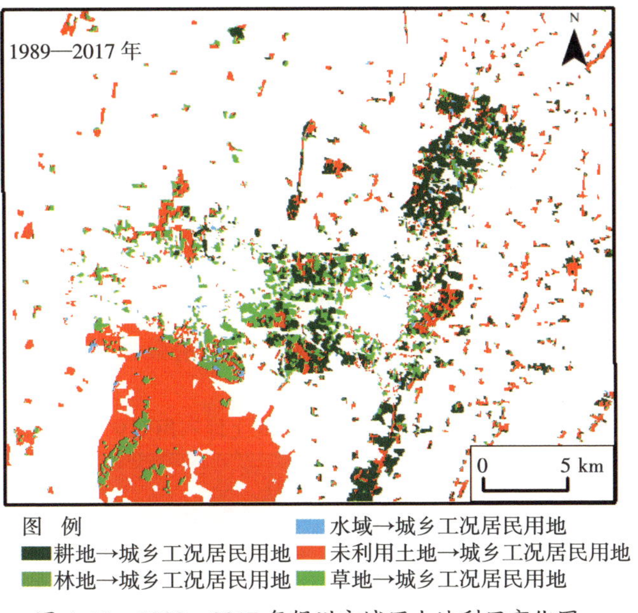

图 4-12　1989—2017 年银川市城区土地利用变化图

济的快速发展和人们生活水平的提高，城市不断扩展，大量耕地、草地和未利用土地被占用，其中未利用土地转为城乡工况居民用地最为明显，被占用的土地利用类型慢慢沿斜线方向向东南角运动，表现出植被覆盖度不断减少而地表温度却迅速上升的特点。2017 年，不同土地利用类型的运动轨迹逐渐趋于同一个方向（图 4-13）。

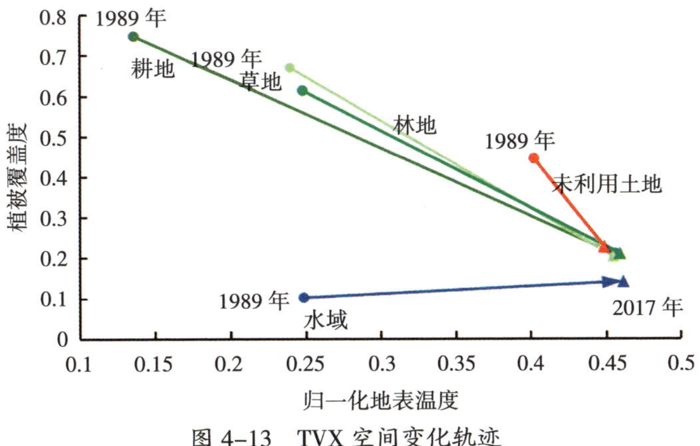

图 4-13　TVX 空间变化轨迹

利用公式 4-15 计算各土地利用类型的变化向量幅度(表 4-13),结果表明,耕地、林地、草地、水域和未利用土地在向城乡工况居民用地转变时,其变化向量幅度不同,即城乡工况居民用地占用其他土地利用类型所引起的植被覆盖度和地表温度不同,各自对环境的贡献也不一致。变化向量幅度越大表示该土地利用类型的变化引起的热环境变化越显著,5 种土地利用类型转变为城乡工况居民用地变化向量幅度依次是耕地>林地>草地>未利用土地>水体。由此可以发现,耕地对缓解热环境作用最强,其次是林地和草地。

表 4-13　1989—2017 年 TVX 空间土地利用变化向量统计

土地利用类型		变化向量幅度
1989 年	2017 年	
耕地	城乡工况及居民用地	0.627 1
林地	城乡工况及居民用地	0.512 7
草地	城乡工况及居民用地	0.454 3
水域	城乡工况及居民用地	0.216 4
未利用土地	城乡工况及居民用地	0.222 5

4.3　小结

本书基于 Landsat 遥感数据,反演了 1989 年、1999 年、2010 年和 2017 年 4 个时期银川市城区的地表温度,分析了 28 年间区域热环境变化的时空演变特征,对不同时期热环境变化进行了监测,探讨不同时期的土地利用变化以及其与 LST 变化在空间上的关联性,掌握各土地利用类型对热环境的贡献度,构建基于土地利用类型的 TVX 空间变化轨迹,得出以下结论:

(1)1989—2017 年,研究区热岛范围随着城市扩展不断扩大,主要组成热岛的特高温、高温和较高温区域面积持续增加。城市热岛比例指数(URI),从 1989 年的 0.199 上升到了 2017 年的 0.337,整体表现为上升的趋势特征。

从空间分布上看,4 个年份的热环境呈现出西部地表温度整体高于东部的特征,且由于城市化进程的不断加速,热岛区域逐渐集中分布于城市建成区。

(2)28 年间，研究区明显升温和略微升温面积占比分别为 7.38%和 47.99%,主要分布在城市建成区;而明显降温和略微降温面积约占研究区的 26.54%,其中明显降温区域比例仅为 1.47%,主要分布在研究区的西北部,总体上热环境呈升温趋势。1989 年的 A、B、C 剖面线平均地表温度均低于 2017 年,建成区地表温度在 3 条剖面线中具有的明显高峰区,且建成区地表温度明显高于周边区域。

(3)28 年间,各土地利用类型中耕地、水域、城乡工矿居民用地和未利用土地对银川市热环境贡献较大,而草地和林地相对贡献较小;耕地和水域为热环境的汇,城乡工矿居民用地和未利用土地则为源。耕地和城乡工矿居民用地对热环境贡献度呈上升趋势,尤其是后者指数明显上升,增加了 0.63;水域和未利用土地对区域热环境贡献度呈下降趋势。

(4)1989 年,植被覆盖度较高的耕地、林地和草地在 TVX 空间的西北角,但却对应着较低的地表温度。2017 年,不同土地利用类型的运动轨迹逐渐趋于同一个方向,被占用的土地利用类型慢慢沿斜线方向向东南角运动,表现出植被覆盖度不断减少而地表温度却迅速上升的特点。5 种土地利用类型转变为城乡工况居民用地变化向量幅度依次是耕地>林地>草地>未利用土地>水体。

参考文献

[1] Chandra S, Sharma D, Dubey S K. Linkage of urban expansion and land surface temperature using geospatial techniques for Jaipur City, India [J]. Arabian Journal of Geosciences, 2018,11(2):31.

[2] Kant Y, Bharath B D, Mallick J, et al. Satellite-based analysis of the role of land use/land cover and vegetation density on surface temperature regime of Delhi, India[J]. Journal of the Indian Society of Remote Sensing, 2009,37(2):201-214.

[3] 岳文泽,徐建华,徐丽华. 基于遥感影像的城市土地利用生态环境效应研究[J]. 生态学报, 2006,26(5):450–460.

[4] 张新乐,张树文,李颖,等. 城市热环境与土地利用类型格局的相关性分析——以长春市为例[J]. 资源科学, 2008(10):1564–1570.

[5] 李瑶. 西安都市圈热环境遥感研究[D]. 西北师范大学,2015.

[6] 杨敏,杨贵军,王艳杰,等. 北京城市热岛效应时空变化遥感分析[J]. 国土资源遥感, 2018(3):214–223.

[7] 匡文慧. 城市土地利用/覆盖变化与热环境生态调控研究进展与展望[J]. 地理科学, 2018,38(10):1644–1652.

[8] 王耀斌,赵永华,韩磊,等. 西安市景观格局与城市热岛效应的耦合关系. 应用生态学报, 2017,28(8):2621–2628.

[9] 王佳,钱雨果,韩立建,等. 基于 GWR 模型的土地覆盖与地表温度的关系——以京津唐城市群为例.应用生态学报,2016,27(7):2128–2136.

[10] 乔治,孙宗耀,孙希华,等. 城市热环境风险预测及时空格局分析. 生态学报,2019,39(2):649–659.

[11] Nichol J. Remote sensing of urban heat islands by day and night [J]. Photogrammetric Engineering and Remote Sensing,2005,71(6):614–621.

[12] Barsi J A,Schott J R,Hook S J,et al. Landsat–8 Thermal Infrared Sensor (TIRS) Vicarious Radiometric Calibration[J]. Remote Sensing,2014,6(11):11607–11626.

[13] Yu X,Guo X,Wu Z. Land surface temperature retrieval from Landsat 8 TIRS – Comparison between radiativetransfer equation–based method,split window algorithm and single channel method[J]. Remote Sensing,2014,6(10):9829–9852.

[14] Sobrino J A, Jiménez–Mun~oz J C, Paolini L. Land surface temperature retrieval from LANDSAT TM5[J]. Remote Sensing of Environment, 2004,90(4):434–440.

[15] 徐涵秋, 陈本清. 不同时相的遥感热红外图像在研究城市热岛变化中的处理方法[J]. 遥感技术与应用, 2003(03):129–133.

[16] 侯浩然,丁凤, 黎勤生. 近 20 年来福州城市热环境变化遥感分析[J]. 地球信息科学学报, 2018,20(3):385–395.

[17] 李晓文,方精云,朴世龙. 近 10 年来长江下游土地利用变化及其生态环境效应[J]. 地理学报,2003,58(5):659–667.

[18] 吴琳娜,杨胜天,刘晓燕,等. 1976年以来北洛河流域土地利用变化对人类活动程度的响应[J]. 地理学报, 2014,69(1):54-63.

[19] 苏维词,易武英. 基于灰色模型的贵阳市土地利用/覆被变化的驱动力分析[J]. 水土保持通报,2014,34(06):256-259.

[20] 孙宗耀,孙希华,徐新良,等. 土地利用差异与变化对区域热环境贡献研究——以京津冀城市群为例[J]. 生态环境学报, 2018,27(7):1314-1322.

[21] 张立福. 通用光谱模式分解算法及植被指数的建立[D]. 武汉大学,2005.

[22] Rouse,J.W., Haas,R.H.,Sehell, J.A.,Deering, D.W., and Harlan, J.C.Monitoring the vemal advancement of ertorgardation of natural vegetation. Gerenbelt,MD:NASA/GSFC (TypeIII,Final Report),1974,371.

[23] 赵英时. 遥感应用分析原理与方法[M]. 北京:科学出版社,2003.

[24] 张学霞,葛全胜,郑景石. 近50年北京植被对全球变暖的响应及其时效[J]. 生态学杂志, 2005,24(2):124-130.

[25] 赵静,姜琦刚,李卫东,等. 基于NDVI变化的三江源生态环境演变分区研究[J]. 世界地质, 2008,27(4):427-431.

[26] Leprieur C,Verstraete M M,Pinty B.Evaluation of the perfor-mance of various vegetation indices to retrieve vegetation cover from AVHRR data [J]. Remote Sensing Review, 1994,(10):265-284.

[27] Gutman G,Ignatov A.The derivation of the green vegetation fraction from NOAA/AVHRR data for use in numerical weather prediction models[J]. International Journal of Remote Sensing,1998,19(8):1534-1543.

[28] Mu S J,Yang H F,Li J L.Spatio-temporal dynamics of vegetation coverage and its relationship with climate factors in Inner Mongolia,China [J]. Journal of Geographical Sciences, 2013,23(2):231-246.

[29] Gillies R R,Kustas W P,Humes K S.A verification of the 'triangle' method for obtaining surface soil water content and energy fluxes from remote measurements of the Normalized Difference Vegetation Index (NDVI) and surface radiant temperature[J]. International Journal of Remote Sensing,1997,18(15):3145-3166.

[30] 丁海勇,李往华. 基于TVX方法的南京市城区时空格局与地表温度的研究[J]. 长江流域资源与环境,2018,27(4):735-744.

第5章
银川市建成区城市扩展及其热环境变化分析

快速城市化进程不仅导致城市结构变迁和环境变化，而且促使城市热环境不断发生变化，因此产生的热岛效应已成为现代城市面临的重要生态环境问题之一。城市扩展主要体现在土地利用/覆盖变化与用地规模的快速增长2个方面，而城市热岛效应的产生及演变过程与城市土地利用/覆盖变化以及人类的社会活动息息相关，进一步改变城市气候、加重城市空气污染并对城市人居环境产生不利的影响(杜培军,2013)。因此,如何定量研究城市扩展、城市热环境的动态变化及二者之间的关系,已成为当前城市空间热环境研究的重要内容。目前,基于遥感数据获取城市范围及其由城市扩张引起的地表热环境演变状况已成为研究城市扩张过程与城市热岛效应强度等城市问题的重要手段(祝新明,等,2017)。利用 Landsat 系列数据研究不同时期城市扩展和热环境的时空变化及其相互关系已成为国内外学者的研究热点,且研究范围逐渐由经济发达地区的特大城市、大城市向具有产业特色的中小城市拓展(Madanian et al.,2018;Boyan et al.,2018;李乐,等,2014;庄元,等,2017),但对我国西北地区城市研究较少。

本章基于4期 Landsat 系列遥感数据,提取银川市城区不同时期的城市用地信息,反演地表温度,分析其城市扩展与热环境的时空变化特征并探讨二者的响应关系，揭示地表温度与不同土地利用类型之间的关系，采用景观分析法探讨不同时期不同类型热力景观的动态变化特征，并深入分析银川市城区热环境变化的原因，以期为银川宜居城市和生态城市建设提供科学参考依据。

5.1 研究方法

5.1.1 城市建成区信息提取

城市建成区是指城市市区连片集中及分散在近郊与城市有密切联系、具有基本完善市政公用设施的城市建设用地。近年来，诸如差值建筑指数（杨存建，等，2000）（*DBI*）、归一化差值建筑指数（Zha et al.，2003）（*NDBI*）和建筑用地指数（Xu et al.，2008）（*IBI*）等基于遥感数据的提取方法具有自动化程度高、提取精度高的特点，已逐步成为当前常用的建筑用地信息提取方法。研究表明，*IBI* 指数耦合了归一化差值建筑指数（*NDBI*）、土壤调节植被指数（*SAVI*）和改进的归一化差值水体指数（徐涵秋，等，2005）（*MNDWI*）3 种指数（表 5-1），能有效地提取建筑用地信息，最高提取精度可达 98%（李乐，等，2014）。因此，本书选用 IBI 遥感指数提取研究区的建筑用地信息，获得不同

表 5-1　*NDBI*、*SAVI* 和 *MNDWI* 计算公式

指数类型	指数名称	TM/ETM 的计算公式	OLI 的计算公式	参考文献
NDBI	归一化差值建筑指数	$NDBI=(\rho_5-\rho_4)/(\rho_5+\rho_4)$	$NDBI=(\rho_6-\rho_5)/(\rho_6+\rho_5)$	ZHA 等，2003
SAVI	土壤调节植被指数	$SAVI=\frac{\rho_4-\rho_3}{\rho_4+\rho_3+L}(1+L)$	$SAVI=\frac{\rho_5-\rho_4}{\rho_5+\rho_4+L}(1+L)$	HUETE，1988
MNDWI	改进的归一化差值水体指数	$MNDWI=(\rho_2-\rho_5)/(\rho_2+\rho_5)$	$MNDWI=(\rho_3-\rho_6)/(\rho_3+\rho_6)$	XU，2008

注：表中 ρ_i 为 TM/ETM/OLI 第 i 波段的地表反射率，L 为土壤调节系数

年份的城市建成区范围,其计算公式为:

$$IBI=\frac{NDBI-(SAVI+MNDWI)/2}{NDBI+(SAVI+MNDWI)/2} \tag{5-1}$$

式中,$NDBI$ 为归一化差值建筑指数;$SAVI$ 为土壤调节植被指数;$MNDWI$为改进的归一化差值水体指数。

5.1.2 城市空间形态演化指标

城市扩展使城市空间形态不断演化,研究城市空间形态演变特征对深入认识城市化过程和机理具有十分重要的意义。城市空间形态演化常用指标有扩展强度指数、扩展速度指数、分维数以及紧凑度指数(杨立国,等,2010;潘竟虎,等,2011;Batty et al.,2001),本书采用上述指标定量描述研究区的城市空间形态,对银川市的城市用地时空扩展变化和外部形态演变特征进行系统分析,各指标计算公式见公式5-2 至5-8。

(1)扩展强度指数 AGR,用于研究不同时期城市扩展强弱及其扩展规模特征。其计算公式为:

$$AGR=(U_{A(n+i)}-U_{Ai})/nU_{Ai}\times 100\% \tag{5-2}$$

式中,$U_{A(n+i)}$和 U_{Ai} 分别为第 $n+i$ 年和 i 年的城市面积;n 为时间,单位为年。

(2)扩展速度指数 AGA,用于比较不同时期城市扩展快慢。其计算公式为:

$$AGA=(U_{A(n+i)}-U_{Ai})/n \tag{5-3}$$

式中,$U_{A(n+i)}$和 U_{Ai} 分别为为第 $n+i$ 年和 i 年的城市面积; n 为时间,单位为年。

(3)紧凑度指数 BCI,该指数描述城市平面轮廓形态的紧凑程度,BCI 值在 0~1,其值越大,城市形状越具紧凑型;反之,其形状的紧凑性越差。其计算公式为:

$$BCI=\sqrt{2\pi A}/P \tag{5-4}$$

式中,A 为建成区面积;P 为城市建成区域轮廓的周长。

(4)分维数 D,该指数描述了城市空间外部形态的复杂程度,在城市空间形态的研究中,常采用周长面积法计算其空间形态的分形特征:

$$D=2\lg(P/4)/\lg A \tag{5-5}$$

式中,P 为斑块周长;A 为斑块面积;D 值范围在 1~2,其值越大,表明斑块越复杂。

(5)重心迁移模型能从空间上描述城市重心在时空上的变化过程,通过计算不同时期城市的分布重心,能够发现区域城市的空间变化趋势,第 t 年建成区斑块重心坐标及迁移距离,计算方法分别为:

$$X_t=\sum_{i=1}^{n}(C_{ti}\times X_i)/\sum_{i=1}^{n}C_{ti} \tag{5-6}$$

$$Y_t=\sum_{i=1}^{n}(C_{ti}\times Y_i)/\sum_{i=1}^{n}C_{ti} \tag{5-7}$$

$$D=\sqrt{X_t^2+Y_t^2} \tag{5-8}$$

式中,X_t、Y_t 分别为 t 年建成区斑块重心的经纬度坐标;C_{ti} 为第 t 年第 i 个斑块的面积;X_i、Y_i 分别为第 t 年第 i 个斑块的几何中心坐标;n 为第 t 年的斑块数;D 表示迁移距离。

5.1.3 地表温度反演

地表温度不仅可以反映城市热环境的时空分布格局,而且对研究城市热岛效应具有深远意义(Sobrino et al.,2004)。遥感技术具有覆盖范围广、数据获取成本低、能够快速准确地监测城市地表下垫面温度等优点,已成为开展城市热环境变化趋势及动态评价研究的主要技术手段(姚远,等,2018)。本书采用基于影像的反演算法和辐射传输方程法,分别对 Landsat 5 和 Landsat 8 的热红外波段进行反演,具体计算公式详见公式4-1 至 4-4。

5.1.4 热岛比例指数

本文采用徐涵秋（徐涵秋，2003）提出的温度正规化方法和城市热岛比例指数定量研究 4 个时期研究区城市热环境变化，具体计算公式详见公式 4–5 和4–6。

5.1.5 热力景观指数

景观格局指数高度浓缩了景观格局信息，能够反映其结构组成和空间配置特征，是景观格局定量分析的基础。国内外学者提出了许多定量化的景观格局指数（杨丽萍，2017），为对比研究区不同年份间城市热岛效应和热力景观的动态变化，选择以下指数进行分析（表5–2）。

表 5–2 研究选用景观指数统计简表

景观指数	生态意义	公式
聚集度指数	反映同类型斑块的聚集程度，越小，聚集度越低，破碎度越高。范围：$0 \leq AI \leq 100$	$AI = g_{ij} / \max g_{ij} \times 100\%$，$g_{ij}$ 为斑块类型 i 的同类相邻的像元数；$\max g_{ij}$ 为斑块类型 i 的同类相邻的最大邻接数
面积—周长分维数	描述分形结构的特征指标，可反映斑块形状的复杂度，取值一般在 1~2，越接近 1，斑块形状越简单，表明受人为干扰程度越大；越接近 2，斑块形状越复杂，受人为干扰程度越小	$PAFRAC = 21g(P/4)/\lg A$ P 为斑块周长，A 为斑块面积
蔓延度指数	描述景观中不同类型景观成分的团聚程度或延展趋势。值越大，景观中某优势斑块类型形成了良好的连接性；反之，景观具有多种要素的散布格局，碎化程度较高。单位为%，范围：0~100	$CONTAG = 1 + \sum_{i=1}^{n} \sum_{y=1}^{n} P_{ij} \ln P_{ij} / 2\ln n$ P_{ij} 表示同 j 类元素相邻的 i 类型元素所占比例；$2\ln n$ 表示最大可能邻接度
均匀度指数	描述景观中各类斑块分配的均匀程度，值越大，表 明各组分分配越均匀。无单位，范围：$0 \leq SHEI \leq 1$	$SHEI = -\ln[\sum_{i=1}^{m} (P_i)^2] / \ln m$，$m$ 为景观类型数据；P_i 为景观类型 i 所占的面积比例

续表

景观指数	生态意义	公式
多样性指数	可综合反映景观格局的丰富度和复杂度。无单位，范围：$SHDI \geqslant 0$，$SHDI=0$，表明整个景观仅由 1 个斑块组成，$SHDI$ 增大，说明斑块类型增加或各斑块类型在景观中呈均衡化分布	$SHDI=-\sum_{i=1}^{m} P_i \log_2^{P_i}$，$m$ 为景观类型数据；P_i 为景观类型 i 所占的面积比例

5.2 结果与分析

5.2.1 城市扩展

利用公式5-1 计算研究区 4 个年份的 *IBI* 指数，经多次试验，确定阈值分别为 0.828 4、0.980 4、0.801 1 以及 0.943 2 时提取的城市建成区范围较为合理，获得 1989—2017 年银川市城市扩展时空变化图（图 5-1），采用公式 5-2 至5-8 计算研究区 4 个年份的城市形态演化指标（表 5-3）。结果显示，1989—1999 年，建成区扩展面积较小，扩展速度仅为 3.29 km^2/a；1999—2010

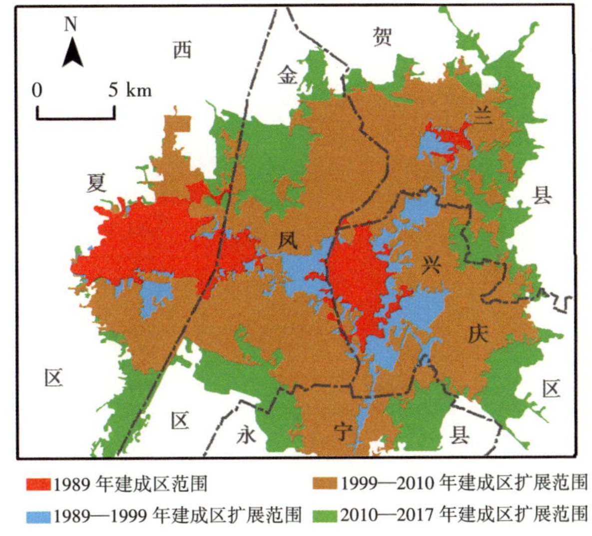

图 5-1　银川市城市建成区扩展时空变化图

年，银川市建成区快速扩展，面积迅速增加，扩展面积达 323.62 km²，扩展速度和强度约为前一时期的 8.9 倍和 6.8 倍；2010—2017 年，建成区持续扩展，面积继续增加，扩展面积、速度和强度相对于 1999—2010 年有所减小，扩展趋于稳定。总体来看，28 年间银川市城市快速扩展，建成区面积大幅增加，各时期的扩展速度和强度差异较大且具有阶段性特征，即缓慢扩展（1989—1999 年）、快速扩展（1999—2010 年）和稳步扩展（2010—2017 年）。

从空间分布上看，1989 年建成区主要分布在西夏区、兴庆区和贺兰县，建成区之间彼此相互独立；1989—1999 年，城市不断扩展，金凤区逐步开发，与西夏区和兴庆区连接贯通，且兴庆区建成区已延伸至贺兰县内，初步形成了银川市中心城区的基本格局；1999—2010 年，城市迅速扩展，依托北京路形成城市东西向发展主轴，沿民族街、宁安大街和同心街分别构建了兴庆区、金凤区和西夏区南北向城市发展的 3 条副轴，沿 4 条发展轴向周边扩展，重点向北发展，与贺兰县和永宁县连接，基本形成了银川市的中心城区；2010—2017 年，城市空间进一步拓展，城市发展方向为南进、北拓、东优、西控，城市化建设进程开始逐渐趋于稳定，逐步形成西夏区、金凤区、兴庆区、贺兰县城以及永宁县城区一体化的空间格局。

表 5-3 银川市不同年份建成区面积及其形态指标

年份	面积 /km²	扩展面积 /km²	扩展速度 /km².a⁻¹	扩展强度 /%	紧凑度指数	分维数	重心坐标 X / m	重心坐标 Y / m	迁移距离 /km
1989 年	74.01	—	—	—	0.20	1.69	603 594.81	4 260 401.68	-
1999 年	106.91	—	—	—	0.14	1.79	606 667.40	4 261 207.74	-
2010 年	430.53	—	—	—	0.19	1.51	608 684.02	4 261 527.63	-
2017 年	580.14	—	—	—	0.30	1.34	609 092.37	4 261 094.74	-
1989—1999 年	—	32.9	3.29	44.45	—	—	—	—	3.18
1999—2010 年	—	323.62	29.42	302.70	—	—	—	—	2.04
2010—2017 年	—	149.61	21.37	34.75	—	—	—	—	0.60

城市空间形态演变结果显示，银川市建成区紧凑度指数先下降后上升、整体呈上升趋势，分维数总体为下降趋势，表明城市空间形态趋于紧凑化，向着稳定状态发展。1989—1999 年，城市重心向东北方向迁移约 3.18 km；1999—2010 年，向东北方向迁移约 2.04 km；2010—2017 年，向东南方向迁移约 0.6 km；整体上 28 年间银川市城区城市重心向东北方向迁移约 5.54 km（图 5-2）。

综上所述，28 年来银川市城市发展迅速，建成区扩展剧烈，各时期扩展速度和强度有较大差异，扩展方向各时期也不尽相同，整体向东部和北部扩展。研究区目前正处于快速城市化进程中，随着"一带一路"和"银川都市圈"政策的提出和实施，城市建成区的空间范围将进一步扩展，将对银川市城市发展空间布局和热环境改善与治理提出更多挑战。

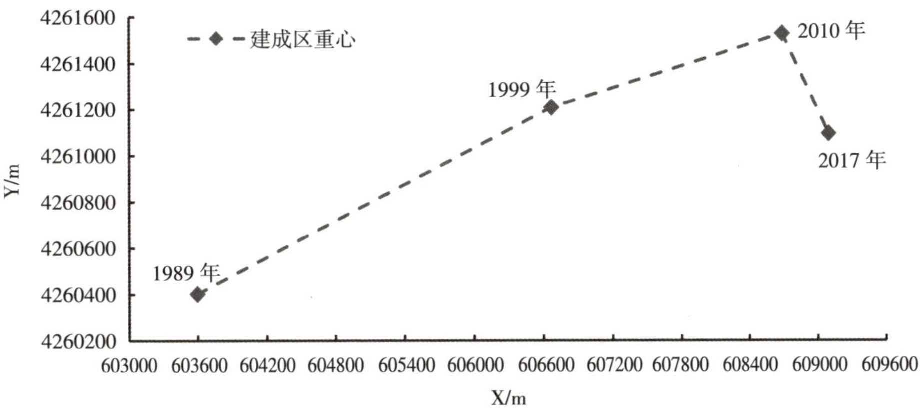

图 5-2 银川市城市建成区重心时空变化图

5.2.2 热环境时空变化

根据公式4-1 至4-4，反演得到研究区 4 个时期的地表温度，在利用 MODIS 地表温度产品进行地表温度反演精度检验时，首先将其重采样至空间分辨率为 30 m，然后与 Landsat 数据进行配准，最后随机生成点间距为 1 000 m 的 198 个点，分别提取 2010 年和 2017 年的 MODIS 地表温度产品数据以及 Landsat 反演得到的地表温度反演数据并进行相关性分析，结果显示，2 个年份的相关系数分别为 0.71 和 0.73，较好地满足了研究需求。

利用公式4–5 将反演得到的 4 个时期的地表温度正规化，使其分布范围统一到 0~1，采用自然间断点法将正规化后的地表温度影像分为特高温、高温、较高温、中温、次中温、较低温和低温 7 个等级(图 5–3)。根据公式 4–6 计算 4 个时期的城市热岛比例指数(表 5–4)，本研究中热岛由特高温、高温和较高温 3 个等级构成，取 m=7、n=3。结果显示，1989—1999 年，热岛范围有所扩大，其中高温区域面积增加最多，约 35.99 km²，热岛强度增强；1999—2010 年，热岛面积快速增加，增加面积达 142.65 km²，其中较高温、高温和特高温分别占热岛增加面积的 49.03%、24.12%和 26.85%，较高温区域面积增

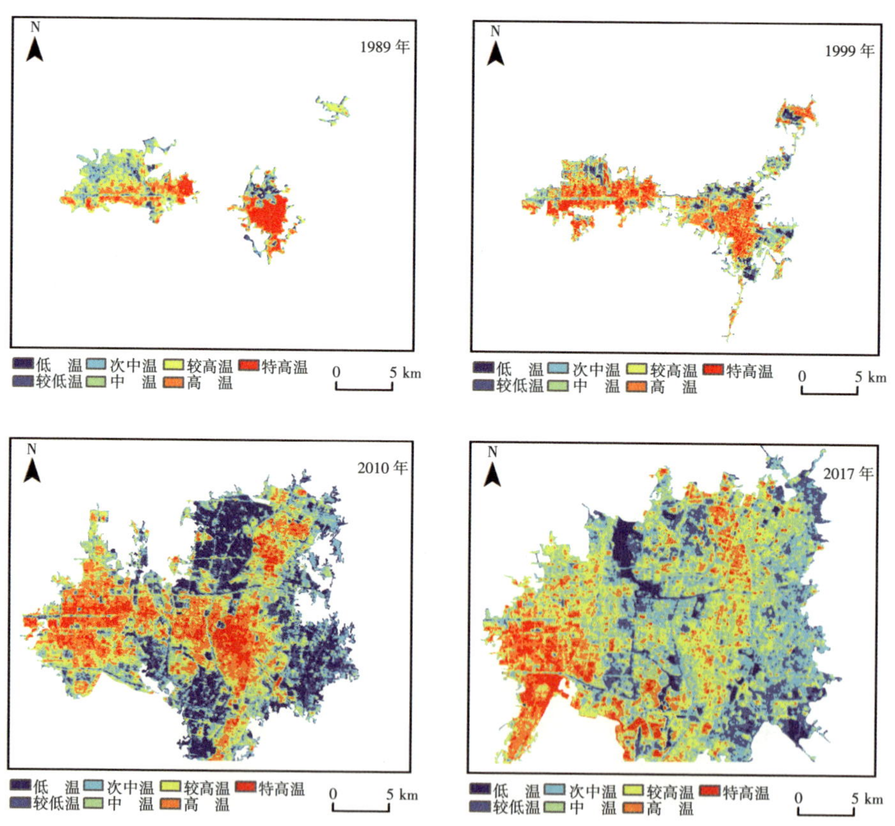

图 5–3　银川市不同年份城市建成区地表温度分级空间分布图

加最多，热岛强度持续增强，但强度已向较高温转移；2010—2017年，热岛增加面积较前一时期有所减小，共增加约 77.22 km^2，其中较高温和高温区域面积分别增加 58.55 km^2 和 28.6 km^2，而特高温区面积减小约9.93 km^2，热岛强度继续转向较高温，热岛效应减弱；1989—2017 年，研究区热岛范围随着城市扩展不断扩大，主要组成热岛的较高温、高温和特高温区域面积持续增加，面积分别增加了近 9 倍、10 倍和 4 倍，较高温区域所占热岛比例呈先减小后增加的趋势，高温和特高温占比表现出先增加后减小的特征，热岛强度逐渐向较高温区转移，城市的热岛效应得到缓解。28 年间，银川市城市热岛比例指数（*URI*）表现出先上升后下降的特征，整体呈上升趋势，从1989 年的 0.399 上升到 2017 年的 0.422。

表 5-4　银川市建成区不同时期地表温度等级面积及热岛比例指数统计表

等级	面积/km^2				面积变化/km^2			
	1989 年	1999 年	2010 年	2017 年	1989—1999 年	1999—2010 年	2010—2017 年	1989—2017 年
低温（1）	0.65	0.81	1.23	26.65	0.16	0.42	25.42	26.00
较低温（2）	2.31	2.82	37.98	33.68	0.51	35.16	–4.30	31.37
次中温（3）	8.62	5.83	69.00	78.03	–2.79	63.18	9.03	69.41
中温（4）	26.85	13.20	95.40	137.61	–13.66	82.20	42.21	110.75
较高温（5）	15.72	25.05	94.99	153.54	9.32	69.94	58.55	137.81
高温（6）	10.61	46.61	81.02	109.61	35.99	34.41	28.60	99.00
特高温（7）	9.23	12.59	50.89	40.96	3.36	38.30	–9.93	31.73
URI	0.399	0.659	0.437	0.422	—	—	—	—

5.2.3　城市扩展与热环境变化的响应关系

城市热环境变化其与下垫面性质关系密切，28 年间银川市城市扩展明显，下垫面变化显著，不透水面面积不断增加，使研究区内的热环境随之发生了很大变化。1989 年,城市建成区面积较小,热岛主要集中分布在西夏区东部和兴庆区的老城区;1999 年, 西夏区和兴庆区的建成区整体向西扩展,高温区域面积增加最多,热岛效应增强;2010 年,城市持续扩展,热岛范围也随之不断扩大,热岛效应持续增强,但强度已向较高温转移,且西夏区北京路两侧、金凤区开发区、兴庆区老城区以及贺兰县城南部区域热岛效应显著;2017 年,城市范围进一步扩展,热岛范围也随之蔓延,其中较高温区约占热岛面积的 50.49%,远高于高温和特高温区所占比例,热岛强度向较高温转移,热岛效应缓解。兴庆区老城区和金凤区主要为较高温区,高温和特高温区域主要分布在西夏区南部、金凤区南部和贺兰县南部。总体来看,银川市建成区的热岛区域随着城市扩展而不断增大, 且在空间分布和扩展方向上与城市扩展具有较高的一致性。

5.2.3.1 LST 和 IBI、SAVI 的关系

为探讨银川市 28 年间城市扩展与热环境变化的响应关系,本书分别在 4 个年份的城市建成区内生成 319、943、1 141 和 1 579 个随机点 (点间距为 200 m),再将建筑用地指数和土壤调节植被指数进行归一化处理,提取随机点的*LST*、*IBI* 和 *SAVI* 信息,分别采用多种函数(线性、乘幂、指数、对数、多项式等)进行 *LST* 和 *IBI*、*SAVI* 之间关系拟合,并最终选取地表温度和 2 个地表参数的最佳拟合关系(图 5–4)。二元和多元回归结果显示,4 个年份的 *LST* 和 *IBI* 呈正相关,而 *LST* 和 *SAVI* 呈负相关,表明建筑用地对城市地表温度起着促进作用,而植被则起着降温作用,能够缓解城市的热岛效应,建筑用地和植被是城市地表温度的重要影响因素(表 5–5),只有减少建筑用地面积且增加地表植被覆盖面积,才能有效降低城市地表温度。

5.2.3.2 不同土地覆盖类型对 LST 的影响

在城市扩展过程中,城区内土地覆盖类型发生改变,进而影响城市热环境变化。为探讨城镇用地、公交建设用地、裸地、草地以及水体等土地覆盖类型对银川市城区热环境的影响,本书基于 GF2 遥感数据,选取了 2017 年城

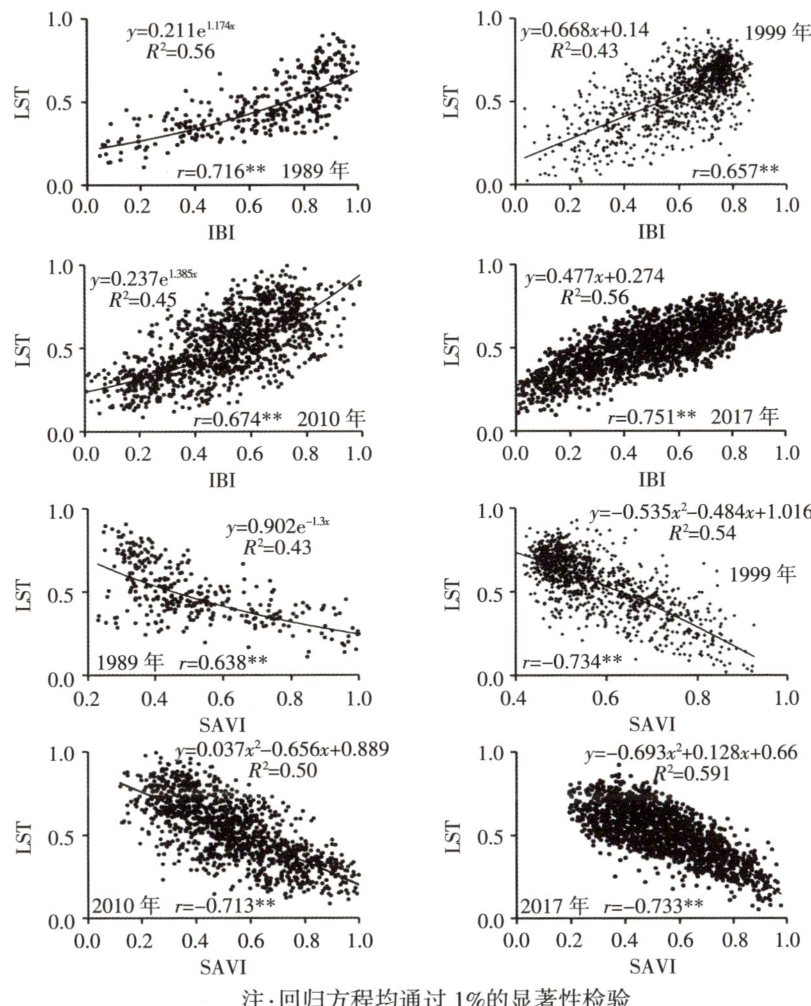

注:回归方程均通过 1%的显著性检验

图 5-4 银川市不同年份城市建成区地表温度与建筑用地指数和植被指数关系图

表 5-5 地表温度与建筑用地指数和土壤调节植被指数的回归方程

年份	多因子回归方程
1989 年	$LST=0.576IBI-0.088SAVI+0.063\ R^2=0.514$
1999 年	$LST=0.381IBI-0.854SAVI+0.811\ R^2=0.640$
2010 年	$LST=0.195IBI-0.519SAVI+0.703\ R^2=0.517$
2017 年	$LST=0.311IBI-0.381SAVI+0.564\ R^2=0.698$

注:回归方程均通过 1%的显著性检验

市建成区内 5 个区域(图 5-5),其中 a、b、e 区域土地覆盖类型为城镇用地和公交建设用地(主要为居民地和工业园区),c 区域覆盖典农河两岸,土地覆盖类型有城镇用地、草地和水体,d 区域为城镇用地和裸地。分别对 5 个区域的地表温度进行统计分析, 结果显示,a、b、d、e 区域的平均地表温度显著高于研究区的平均地表温度 33.37℃; 而 c 区域的平均地表温度为 33.44℃,接近研究区的平均地表温度(表 5-6)。由此可见,城镇用地、公交建设用地和裸地能促进地表温度升高,而草地和水体能够降低地表温度。银川都市圈城市地质调查项目调查结果显示,截至 2017 年年底,银川市城区约有小区 1 105 个(不包括老旧小区)、工业园区 23 个、大型百货商场 38 个,以上地表覆盖类型能够有效提高建筑物所在地及其周边的地表温度。

公园绿地及水体能有效缓解城市热岛效应, 在改善城市热环境问题的过程中具有明显作用(栾庆祖,等,2014)。为定量研究银川市公园绿地和水体对城市地表温度的缓解程度,本研究对研究区内 57 个公园绿地、154 个水体进行缓冲半径分别为 100 m、200 m、300 m、400 m 和 500 m 的缓冲分析,并统计不同缓冲区内的地表温度(表 5-6),结果显示,公园绿地 5 个缓冲区内的平均地表温度和水体 5 个缓冲区内的平均地表温度均低于研究区的平均地表温度,且随缓冲半径的增加平均地表温度呈上升趋势,表明公园绿地能有效缓解银川市城市热岛效应。此外,对比公园绿地和水体在相同缓冲半

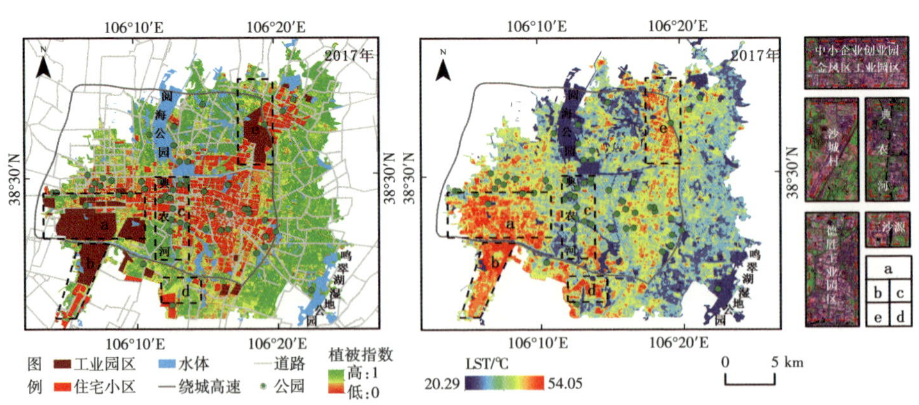

图 5-5 2017 年银川市城市建成区不同下垫面类型与地表温度关系图

径的地表温度可知，前者的地表温度均高于后者，表明水体对降低城市地表温度的效果要好于公园绿地。

表 5-6 2017 年银川市城市建成区不同土地覆盖类型地表温度统计表

区域	均值/℃	土地覆盖类型	植被覆盖度	公园缓冲半径/m	均值/℃	土地覆盖类型	植被覆盖度	水体缓冲半径/m	均值/℃	土地覆盖类型
a	37.85	城镇、公交建设用地	低	100	31.26	草地	高	100	30.83	水体
b	38.37	城镇、公交建设用地	低	200	31.90	草地	高	200	31.68	水体
c	33.44	城镇、草地、水体	中	300	32.38	草地	高	300	32.18	水体
d	37.44	城镇、裸地	低	400	32.82	草地	高	400	32.51	水体
e	36.57	城镇、公交建设用地	低	500	33.16	草地	高	500	32.75	水体

5.2.4 城市中道路廊道对热环境的影响

城市廊道作为城市空间中不可缺少的主要部分，是连接城市各功能区和景观斑块的纽带，包括城市中的道路、绿化带、水体等。其中，道路多是对应高温区，且呈条带状分布。经实地测温，银川市夏季路面温度高达到 60℃。而绿化带、水体对应低温区，虽然有呈条带状分布，但是多呈现斑块状，所以本研究选取城市道路这一典型的廊道，研究其对城市热环境的影响。

5.2.4.1 热环境对道路密度的响应

选用的银川市城区道路矢量数据，利用在空间分析模块中的线密度模块计算相对道路密度，并按照 1/2 标准差分为 9 级，分别统计每个道路密度等级的平均温度与温度标准差（表 5-7，图 5-6）。结果显示，随着道路密度增加，道路平均温度显著升高，标准差明显降低，道路密度等级与道路平均温度的相关系数为 0.9936，两者呈显著正相关。道路密度等级与道路平均温度的回归分析见图 5-7。

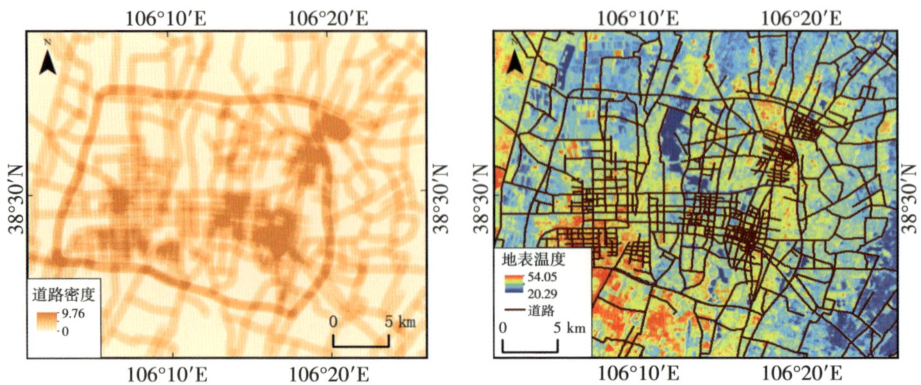

图 5-6 研究区道路密度分布图及道路与地表温度叠加图

表 5-7 道路密度与对应道路平均温度统计表

道路密度等级	道路密度	道路平均温度/℃	温度标准差/℃
1	[0,0.34)	32.69	4.64
2	[0.34,0.96)	32.87	4.24
3	[0.96,1.58)	33.13	3.89
4	[1.58,2.20)	33.79	3.62
5	[2.20,2.82)	34.18	3.57
6	[2.82,3.43)	34.78	3.58
7	[3.43,4.05)	35.02	3.44
8	[4.05,4.67)	35.73	2.81
9	[4.67,9.76]	35.99	2.28

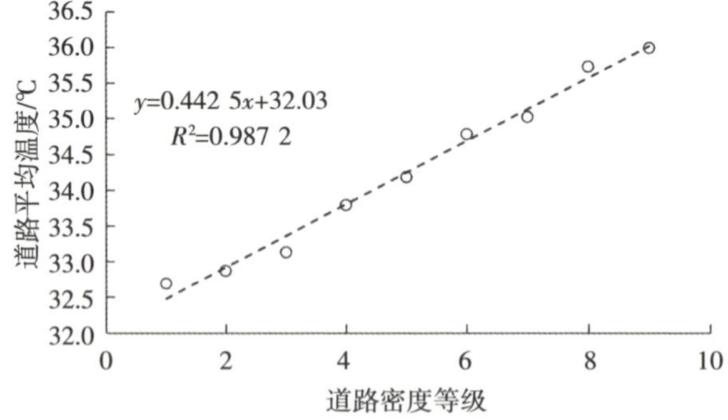

图 5-7 道路密度与对应道路平均温度回归图

5.2.4.2 道路对周围局地热环境的影响

银川市城区交通路网密集。本研究选取研究区具有代表性的交通主干道对周边热环境影响为研究对象，以道路线为中心分别做 0~50 m、50~100 m、100~150 m 的 3 条缓冲区，并统计 3 条缓冲区内的温度平均值与标准差(表 5-8)。由表可知，随着距离道路中心线距离增加，缓冲区内的平均温度略有下降，但变化微弱，结合高分辨率遥感影像并现场考察，发现其主要原因是道路两旁多有行道树，且道路周边多为建筑楼群，其表面温度均较高，所以导致道路廊道对温度的反映并不敏感。

表 5-8 道路缓冲区对应温度统计表

缓冲区范围/m	道路平均温度/℃	温度标准差/℃
0~50	34.24	3.38
50~100	34.14	3.49
100~150	33.97	3.69

5.2.5 热力景观分析

5.2.5.1 斑块类型指数的变化特征

1989 年，特高温的聚集度指数最高，达到了 95.35，在空间上呈较大面积片状分布，较高温和高温区的聚集度指数也都在 80 以上，表明 3 种热力景观类型在空间分布上倾向于小范围的集中分布；1999 年，特高温、较高温和高温区的聚集度指数较 1989 年均有不同程度的下降，表明 3 种热力景观较前一时期趋于分裂破碎；2010 年，7 种热力景观类型的聚集度指数均有所上升，其中特高温、较高温、高温区以及中温区的聚集度指数均超过 80，尤其是特高温区聚集度指数接近 90，说明热岛区域较前一时期在向外扩散的过程中，体现出集中、连片的分布趋势；2017 年，7 种热力景观类型进一步趋于集中，聚集度指数均超过 80，其中高温和较高温聚集度指数较 2010 年略有下降，中文和特高温聚集度指数略有升高，各热力景观类型聚集度指数间的差距变小。综上所述，1989—2017 年，较高温和高温区聚集度指数先下降后上升，其中较高温整体呈上升趋势，破碎度整体减小；而高温区整体呈下降趋势，破碎度整体增加；特高温区聚集度指数先下降后上升，整体呈下降趋势，破碎度整体增加。总体来看，28 年间除高温和特高温区聚集度指数略有减小外，其余各热力景观类型的聚集度指数均在增加、聚集度指数间的差距逐渐缩小，各热力景观类型内部趋于集中分布（表 5-9，图 5-8）。

表 5-9　银川市建成区不同时期地表温度等级聚集度指数和面积—周长分维数统计表

等级	1989 年		1999 年		2010 年		2017 年	
	AI	PAFRAC	AI	PAFRAC	AI	PAFRAC	AI	PAFRAC
低温	71.828 8	1.359 6	78.267 3	1.265 2	82.810 9	1.328 7	91.598 8	1.182 7
较低温	65.589 3	1.428 1	66.662 5	1.375 7	72.282 8	1.476 9	84.464	1.366 3
次中温	72.452	1.467 5	64.389 3	1.422 3	71.527 8	1.520 0	83.026	1.431 2
中温	73.486 7	1.506 7	68.242 7	1.488 6	80.558	1.443	82.198 8	1.497 3
较高温	82.537 7	1.461 1	72.746 1	1.511	86.594 8	1.391 6	83.262 1	1.491 9
高温	85.310 2	1.469 2	81.557 8	1.553 8	84.974	1.436 6	84.872 2	1.406 5
特高温	95.353 5	1.194 2	84.565 4	1.414 7	89.651 6	1.253 6	89.926 9	1.191 9

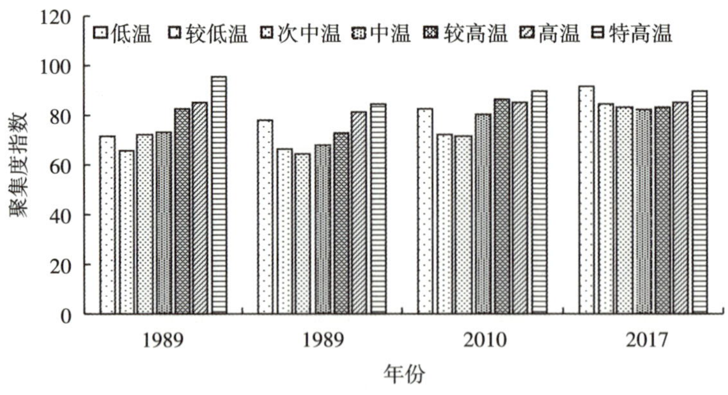

图 5-8　聚集度指数变化图

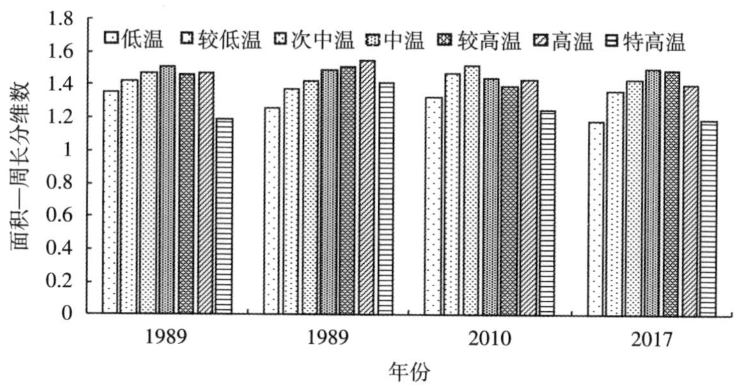

图 5-9　面积—周长分维数变化图

由图 5-9 可知，1989 年，中温区具有最高的分维数，其斑块形状复杂，说明受人为干扰程度较小，而特高温区分维数最小，斑块形状简单，人类干扰特征明显。1999 年，较高温区、高温区和特高温区分维数有所增加，尤其是特高温区由于基数较低，因而人类干扰一直较大，主要分布于城市人口、建筑高度密集和厂矿集中的区域。低温区、较低温区、次中温区以及中温区分维数均有所降低，以低温区降低幅度最大，说明这 4 类热力景观类型受人类干扰程度有增大的趋势。2010 年，中温、较高温区、高温区以及特高温区分维数较 1999 年有所下降，表明该时期 4 类热力景观类型受人类干扰程度增大。2017 年，中温和较高温分维数增加，高温和特高温区分维数进一步降低，表明人类活动对高温和特高温区的影响持续而稳定存在，这 2 类区域以建 筑用地、居民地、道路为主，人类影响较大，斑块形状相对简单。综上所述，28 年间中温和高温区分维数整体下降，表明人类对其影响在增强；特高温区分维数趋于稳定，其斑块形状亦趋于稳定，说明人类的扰动持续而稳定地存在；而较高温区分维数整体上升，斑块形状复杂，受人为干扰程度相对较小。

5.2.5.2　景观类型指数的变化特征

本书采用蔓延度指数（*CONTAG*）、均匀度指数（*SHEI*）和多样性指数

(*SHDI*)从景观水平分别反映各热力景观类型中景观成分的团聚程度(即景观的连通性)、各类斑块分配的均匀程度和景观格局的丰富度和复杂度,景观类型指数计算结果见表 5-10。

表 5-10 景观类型指数

年份	*CONTAG*	*SHEI*	*SHDI*
1989 年	42.196 3	0.869 4	1.808 0
1999 年	33.513 4	0.926 1	1.820 1
2010 年	36.585 9	0.961 3	1.870 5
2017 年	39.756 6	0.930 5	1.810 8

由表 5-10 可知,*CONTAG* 在 1989—2017 年先下降再升高,整体呈下降趋势。

1989—1999 年,*CONTAG* 下降,意味着在 1989 年较高温、高温和特高温区的优势斑块类型良好的连接性,随着热力景观的不断转变,热岛区域面积的持扩大,1999—2017 年较高温、高温和特高温区等多种斑块散布分布的空间格局,热力景观的破碎化程度进一步增高。28 年间,均匀度指数和多样性指数表现出先上升后下降整体呈上升趋势。具体来看,1989—2010 年,均匀度指数和多样性指数不断上升,1992 年 *SHEI* 和 *SHDI* 分别为 0.896 4 和 1.808。随着城市规模的不断扩大,城市快速发展,人口迅速增加,*SHEI* 和 *SHDI* 不断增加,较高温区、高温区和特高温区等各类斑块面积增加,各个斑块类型分配的均匀度和多样性不断增加,热力景观各组分分配越来越均匀,丰富度和复杂度不断增加,异质性不断提升,热力景观更加趋于多样化,景观间能量交换也更加便利。2010—2017 年,特高温区面积有所减小,*SHEI* 和 *SHDI* 随之出现了一定程度的下降。总体来看,景观成分团聚程度降低、破碎度增加,均匀度、丰富度不断增高,使各热力景观类型的空间分布发生明显改变,尤其是较高温、高温和特高温区热力等级的类型,从城市中心迅速向四周扩散，从而使整个城市的热环境格局发生了显著变化。这一变化过程与银川市城市热岛强度呈分段式增加的特点有着较好的一致性。28 年间，银川市常住人口、人口密度以及建城区面积都大幅增加，单位 GDP 能耗、房屋建筑竣工面积、全社会机动车辆数等也是导致热岛强度增加、热力景观格局发生变化的重要因素。

5.2.6 城市热环境变化原因分析

5.2.6.1 气温变化与城市热环境变化的关系

城市热岛效应是在城市高度人工化的特殊环境条件下产生的气候效应，在全球气候变化的大背景下，其变化，毫无疑问会受到气候变化的影响(贾宝全，2013)。统计银川市 28 年间平均气温与 6 月、7 月、8 月平均气温(图 5-10)，可

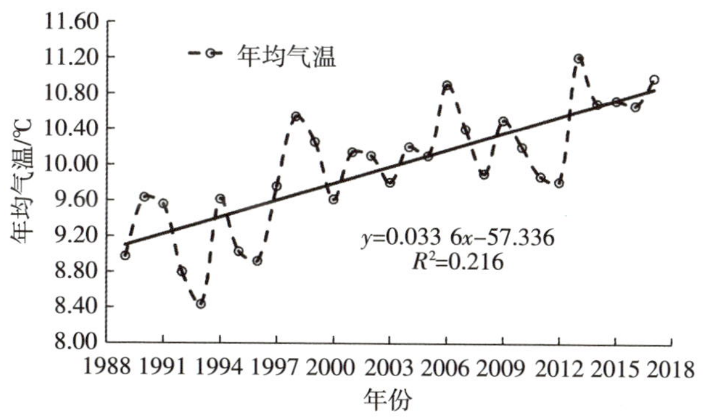

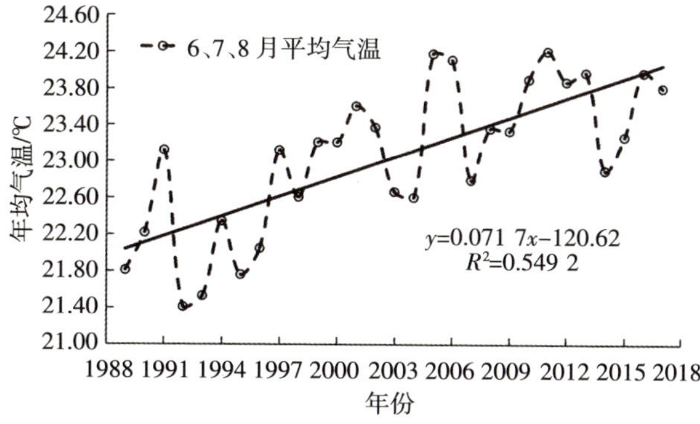

图 5-10 1989—2017 年银川市年均气温和 6 月、7 月、8 月平均气温变化趋势图

以看出,无论是历年的 6 月、7 月、8 月平均气温还是年均气温,均呈升温变化趋势, 且 6 月、7 月、8 月平均气温的升温趋势要比年平均气温更明显,反映出太阳热力作用下气温变化对城市热场的绝对影响, 这在一定程度上会对银川市城市热岛效应的强度有增强作用。

5.2.6.2 城市建设与城市热环境变化的关系

城市热岛效应的发展与城市化进程息息相关,统计研究区 2000—2017 年的人口、GDP、固定资产投资、房地产投资以及产业结构等数据,可以看出, 银川市人口由 2000 年的 100.94×10^4 人增长到 2017 年的 222.54×10^4 人,经济快速增长,GDP 增加了近 20 倍(图 5-11),房地产投资从 2000 年的 11.54×10^9 元增长到 2017 年的 402.82×10^9 元(图 5-12),经济产业结构不断优化(图 5-13)。28 年间,研究区经济快速发展,人口增长迅速,从而加速了房地产开发进程,使银川市城市建成区快速扩展,导致地表下垫面结构改变,从而促使城市热环境发生变化。

5.2.6.3 城市绿化对城市热环境的影响

银川市建成区热岛效应的缓解与城市合理规划、增加城市绿地面积关系密切,根据银川市城市总体规划(2011—2020 年),城市中心城区布局突出生态优先的发展模式,逐步构建形成了“四轴三带多中心”的城市布局形态,城市功能得到了进一步优化,有效地改善了城市生态环境和人居环境。近年来,银川市大力实施生态优先战略,构建“西护山,东治沙,中造景”的大绿化格局,城市绿地面积以每年近 5 km^2 的速度递增。截至 2017 年年底,银川市已有公园和小微公园 114 个,城市建成区绿化覆盖面积达到 70.86 km^2,公园绿地面积 23.19 km^2, 城市绿地率、城市人均公园绿地面积预计分别达到 40.99%和 16.79 km^2/人。此外,银川市城区内河流湖泊湿地面积约 56.21 km^2,面积较大的有鸣翠湖、阅海湖、宝湖、七十二连湖等。上述措施对缓解银川市热岛效应起到了积极的作用。

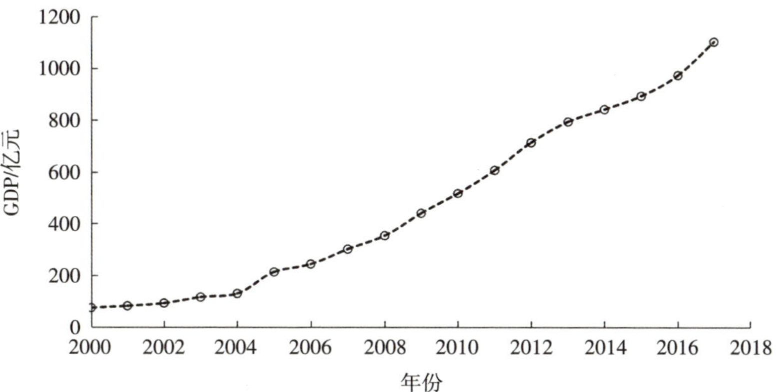

图 5-11　2000—2017 年银川市 GDP 变化图

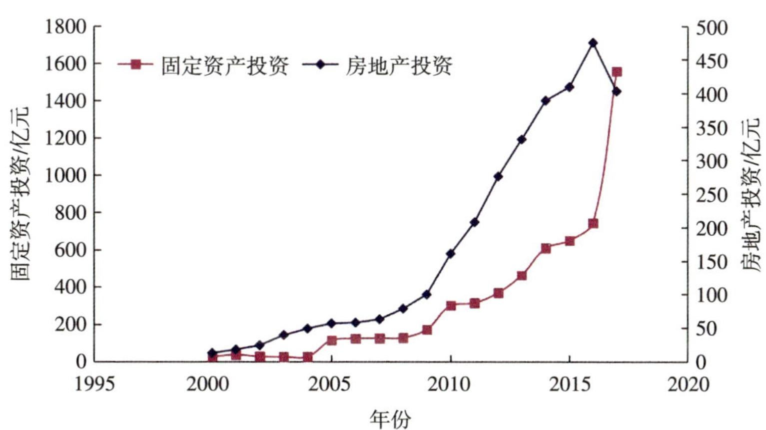

图 5-12　2000—2017 年银川市固定资产投资变化图

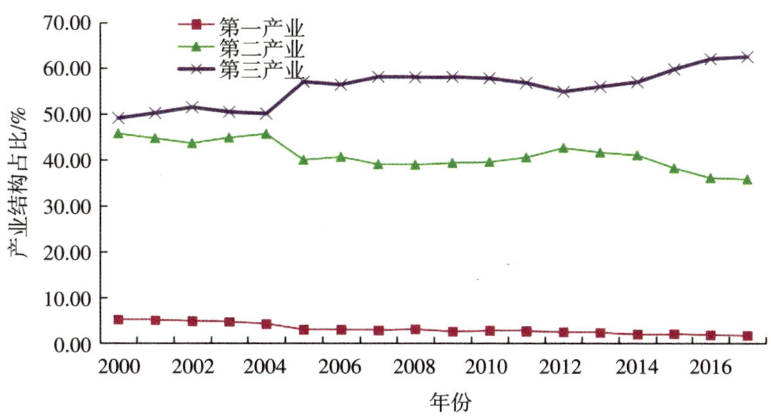

图 5-13　2000—2017 年银川市房地产投资及产业结构变化图

5.2.7 城市热环境的防治

2017 年,银川市城市热环境呈现出西部地表温度整体高于东部的特征,热岛区域集中分布于城市建成区的西夏区和贺兰县，而兴庆区的热岛逐渐演化为相互独立的小次级热岛,呈现出空心化的特征,城市的强烈热岛效应得到了一定地缓解。如前所述,研究区的热岛效应主要是由城市发展过程中地表下垫面结构改变而产生的。因此,银川市城市热环境防治需要从以下几个方面开展工作:

(1)在城市规划过程中,将城市布局与自然要素结合起来,根据城市的主导风向,在市区逐步建立合理的生态廊道体系,将城市外围(生态腹地)凉爽、洁净的空气,引入城市内部,有效缓解城市内部的热岛效应,促进城与外围的物质和能量的交换,使区域生态系统能有效恢复。

(2)随着节能环保材料的不断涌现,城市建设中尽量使用低温和高反照率的街区表面铺装材料,降低城市对热量的吸收。

(3)在城市建设过程中应加强对城市中的湿地和水域的保护,如建立湿地或水域公园,并重点考虑扩充水面和建造人工湖。此外,努力提高城市绿地覆盖率,增加绿地公园的配置,重点考虑绿地的合理分布和植物配置,大力发展屋顶绿化、垂直绿化,建设生态停车场。

(4)大力发展城市公共交通事业,减少汽车的热污染及尾气的排放,大提倡绿色出行与低碳生活,加强环保意识,淘汰高污染、高耗能产业,大力发展旅游等生态产业。

5.3 小结

研究基于多源遥感数据，提取了 1989 年、1999 年、2010 年和 2017 年 4 个时期银川市城市建成区的范围并对地表温度进行了反演，深入分析了 28

年间城市建成区扩展及热环境变化的时空演变特征，定量研究了城市扩展与热环境变化、热岛与下垫面的关系，采用景观分析法探讨了不同时期不同类型热力景观的动态变化特征，并深入分析了银川市城区热环境变化的原因，主要结论如下：

（1）1989—2017年，银川市城市建成区扩展面积达506.13 km^2，各时期的扩展速度和扩展强度差异较大且表现出阶段性特征，即缓慢扩展（1989—1999年）、快速扩展（1999—2010年）和稳步扩展（2010—2017年）。建成区紧凑度指数先下降后上升、整体呈上升趋势，分维数总体为下降趋势，城市空间形态趋于紧凑化，向着稳定状态发展。城市整体向东部和北部扩展，重心整体向东北方向迁移约5.54 km。

（2）研究区热岛范围随着城市扩展不断扩大，较高温、高温和特高温区面积分别增加了近9倍、10倍和4倍，较高温区域所占热岛比例呈先减小后增加的趋势，高温和特高温占比表现出先增加后减小的特征，热岛强度逐渐向较高温区转移，城市的热岛效应得到缓解。热岛空间分布显示，热岛逐渐由兴庆区老城区蔓延至贺兰县和西夏区，且兴庆区热岛逐渐演化为相互独立的小次级热岛，强度有所降低。28年间银川市城市热岛比例指数（*URI*）表现出先上升后下降的特征，整体呈上升趋势。

（3）热岛区域在空间分布和扩展方向上与城市扩展具有较高的一致性。*LST*和*IBI*、*SAVI*回归结果显示，4个年份的*LST*和*IBI*呈正相关，*LST*与*SAVI*呈负相关关系。城镇用地、公交建设用地和裸地能促进地表温度升高，而草地和水体能够降低地表温度，公园绿地和水体能有效缓解城市热岛效应且水体对降低城市地表温度的效果要好于公园绿地。

（4）1989—2017年，除高温和特高温区聚集度指数略有减小外，其余各热力景观类型的聚集度指数均在增加、聚集度指数间的差距逐渐缩小，各热力景观类型内部趋于集中分布。中温和高温区分维数整体下降，表明人类对其影响在增强。而较高温区分维数整体上升，斑块形状复杂，受人为干扰程度相对较小。特高温区分维数趋于稳定,其斑块形状亦趋于稳定,说明人类的扰动持续而稳定地存在。28 年间,蔓延度指数先下降再升高,整体呈下降趋势;均匀度指数和多样性指数表现出先上升后下降整体呈上升趋势。总体来看,景观成分团聚程度降低、破碎度增加,均匀度、丰富度不断增高,使各热力景观类型的空间分布发生明显改变,尤其是较高温、高温和特高温区热力等级的类型,从城市中心迅速向四周扩散,从而使整个城市的热环境格局发生了显著变化。

(5)银川市城区常住人口的大幅增长、GDP 的快速增长以及城市建城区面积的持续扩展是研究区热环境变化的主要因素,气温对银川市城市热岛效应的强度有一定的增强作用。

参考文献

[1] 杜培军,谭琨,夏俊士,等. 城市环境遥感方法与实践[M]. 北京:科学出版社,2013.

[2] 祝新明,王旭红,周永芳,等. 建成区扩张下的西安市热环境空间分异性[J]. 生态学杂志, 2017,36(12): 3575–3583.

[3] MADANIAN M, SOFFIANIAN A R, KOUPAI S S, et al. Analyzing the effects of urban expansion on land surface temperature patterns by landscape metrics: a case study of Isfahan city, Iran [J]. Environmental Monitoring & Assessment, 2018,190(4):189.

[4] BOYAN L, WEI W, LIANG B, et al. Effects of spatio–temporal landscape patterns on land surface temperature: a case study of Xi'an city, China [J]. Environmental Monitoring and Assessment, 2018,190(7):419.

[5] 李乐, 徐涵秋. 杭州市城市空间扩展及其热环境变化 [J]. 遥感技术与应用, 2014, 29(2):265–272.

[6] 庄元,薛东前,王剑. 半干旱区典型工业城市热岛时空分布及演变特征——以包头市为例[J]. 干旱区地理, 2017,40(02):276–283.

[7] 吕荣芳,王浩,王鹏龙,等. 近 25 年银川市城市化进程中热力景观格局演变分析[J]. 干旱区研究,2016,33(4):860–868.

[8] 孙鹏，韩沐汶，白林波，等. 基于 Landsat TM/ETM 的银川市热岛效应时空变化研究 [J]. 水土保持研究，2014，21(1)：290–293.

[9] 杨存建，周成虎. TM 影像的居民地信息提取方法研究 [J]. 遥感学报，2000，4(2)：146–150.

[10] ZHA Y，GAO J，NI S. Use of normalized difference built–up index in automatically mapping urban areas from TM imagery [J]. International Journal of Remote Sensing，2003，24(3)：583–594.

[11] XU Hanqiu. A new index for delineating built–up land features in satellite imagery[J]. International Journal of Remote Sensing，2008，29(14)：4269–4276.

[12] 徐涵秋. 利用改进的归一化差异水体指数(MNDWI)提取水体信息的研究[J]. 遥感学报，2005，9(5)：589–595.

[13] HUETE A R.A soil –adjusted vegetation index (SAVI) [J]. Remote Sensing of Environment，1988，25(3)：295–309.

[14] 杨立国，周国华. 怀化城市形态演变特征及影响因素 [J]. 地理科学进展，2010，29(5)：627–632.

[15] 潘竟虎，韩文超. 兰州中心城区用地扩展及其热岛响应的遥感分析 [J]. 生态学杂志，2011，30(11)：2597–2603.

[16] BATTY M. Exploring isovist fields：space and shape in architectural and urban morphology [J]. Environment and Planning B：Planning and Design，2001，28(1)：123–150.

[17] SOBRINO J A，JIMéNEZ–MU?OZ J C，PAOLINI L. Land surface temperature retrieval from LANDSAT TM 5 [J]. Remote Sensing of Environment，2004，90(4)：435–440.

[18] ARTIS D A，CARNAHAN W H. Survey of emissivity variability in thermograph of urban areas [J]. Remote Sensing of Environment，1982，12(4)：313–329.

[19] JIMéNEZ –MUÑOZ J C，SOBRINO J A.A generalized single channel method for retrieving land surface temperature from remote sensing data [J]. Journal of Geophysical Research，2003，108(D22)：1–9.

[20] QIN Z H，KARNIELI A，BERLINER P. A mono–window algorithm for retrieving land surface temperature from Landsat TM data and its application to the Israel–Egypt border region [J]. International Journal of Remote Sensing，2001，22(18)：3719–3746.

[21] NICHOL J. Remote sensing of urban heat islands by day and night [J]. Photogrammetric Engineering and Remote Sensing, 2005, 71(6): 613–621.

[22] BARSI J A, SCHOTT J R, HOOK S J, et al. Landsat–8 Thermal Infrared Sensor (TIRS) Vicarious Radiometric Calibration [J]. Remote Sensing, 2014, 6 (11): 11607–11626.

[23] YU X, GUO X, WU Z. Land surface temperature retrieval from Landsat 8 TIRS–Comparison between radiative transfer equation–based method, split window algorithm and single channel method[J]. Remote Sensing, 2014, 6(10): 9829–9852.

[24] 徐涵秋，陈本清. 不同时相的遥感热红外图像在研究城市热岛变化中的处理方法[J]. 遥感技术与应用, 2003(03): 129–133.

[25] 杨丽萍, 王乐, 孙晓辉, 刘晶. 基于遥感的西安市热力景观格局演变[J]. 水土保持研究, 2017, 24(01): 250–255+264.

[26] 栾庆祖, 叶彩华, 刘勇洪, 等. 城市绿地对周边热环境影响遥感研究——以北京为例[J]. 生态环境学报, 2014(2): 252–261.

[27] 贾宝全, 邱尔发. 基于TM卫星遥感影像的西安市城市热岛效应变化分析[J]. 干旱区研究, 2013, 30(02): 347–355.

第 6 章
银川市城市公园对城市热环境效应的影响分析

快速的城市化进程虽然极大地提高了人类生活质量,但在该过程中,城市景观类型和格局改变剧烈,不透水面面积大幅增加,对区域生物多样性、生态系统和气候变化造成了很大影响,导致城市热岛、大气污染和生态失衡等诸多城市化环境问题(冯悦怡,2014;庞新坤,2015;阮俊杰,2016)。其中,城市热环境问题不仅影响人体舒适度, 而且对城市的可持续发展提出了挑战,已成为城市生态环境问题的重要内容之一(Mahmoud,2011)。城市公园作为城市重要的绿色景观,不仅是居民休憩娱乐的场所,而且在改善城市生态环境质量、调节城市微气候、净化空气、缓解城市热岛效应等方面发挥着重要作用(周媛,2011)。研究表明(Oliveira,2011;徐丽华,2008;苏泳娴,2011)城市公园中的绿地和水体景观具有降温增湿和调节局部小气候的生态功能,能有效降低地表温度,是缓解城市热岛效应的重要途径之一。近年来,学者们对城市公园的热环境效应开展了大量的研究工作,主要利用遥感技术,并引入景观生态学方法定量分析公园的景观结构、空间分布特征、绿地垂直结构以及绿地和水体比例等因子对其降温效果的影响, 而公园降温范围则采用缓冲区法进行定量分析, 定量确定公园对周边温度的影响大小和范围(肖捷颖,2015;甘爽,2016;葛亚宁,2016;王帅帅,2014)。

银川处于快速城市化进程中,城市热岛效应显著(吕荣芳,2016;孙鹏,2014),缓解银川市城市热岛效应已成为银川市城市建设中亟待解决的问题,而该地区城市公园景观的热环境效应研究未见报道。因此,本章基于 Landsat 8 遥感影像反演银川市城区地表温度,选取银川市城区 17 个公园为研究对象,拟通过景观格局分析和缓冲区分析方法,定量研究银川城市公园空间景观结构特征与城市热环境效应的响应关系,以期为未来银川市城市公园建设和城市生态环境规划提供相关决策依据。

6.1 城市公园信息提取

本研究以 2017 年 6 月16 日的 GF2 遥感影像数据为基础,选取银川市城区内的如意湖公园、阅海公园、宁大湖公园、西夏公园、解放公园、森林公园、凤凰公园、典农河滨水景观公园、海宝公园、中山公园、宝湖公园、七十二连湖、植物园、丽景湖公园、章子湖公园、三沙源中央公园、鸣翠湖国家湿地公园等17 个公园作为研究对象,将城市公园内部土地覆盖类型划分为绿地(草地和林地)、水体和不透水面 3 大类型,采用目视解译方法对其进行解译。公园基本信息见表 6–1,其地理位置见图 6–1,公园景观空间结构分布见图 6–2。

6.2 研究方法

6.2.1 地表温度反演

本书采用辐射传输方程法分别对 Landsat 8 的热红外波段进行反演。热红外波段数据经辐射定标后,可根据 Planck 辐射函数计算得到地表亮度温度,其计算公式详见公式 4–4。

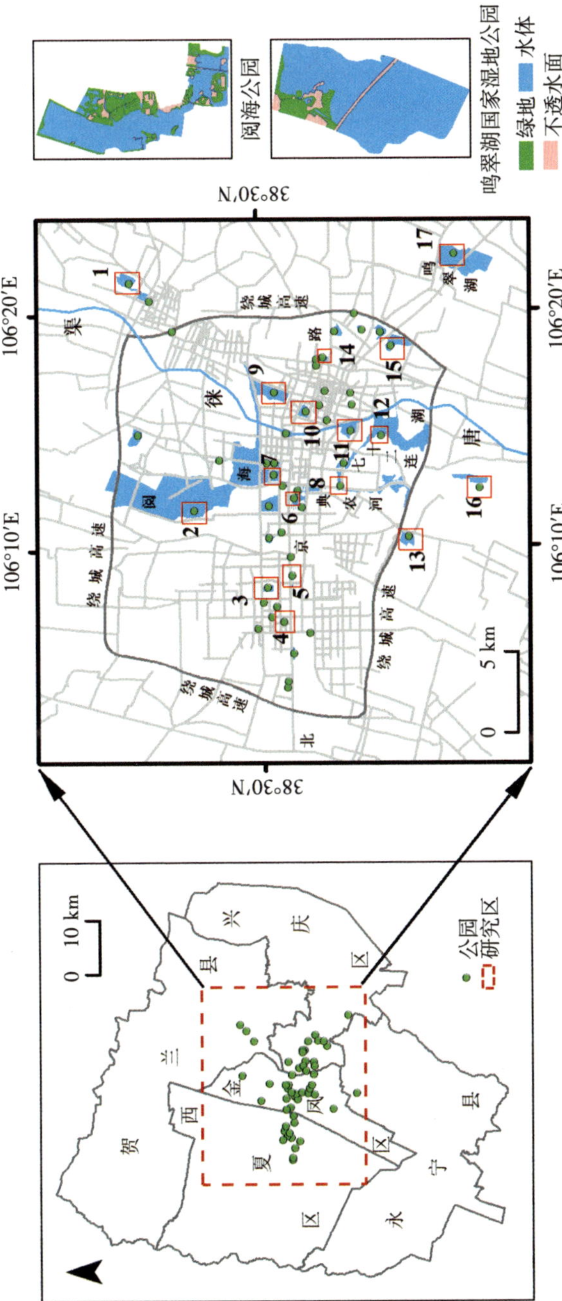

1. 如意湖公园 2. 阅海公园 3. 宁大湖公园 4. 西夏公园 5. 解放公园 6. 森林公园 7. 凤凰公园 8. 典农河 9. 海宝公园 10. 中山公园
11. 宝湖公园 12. 七十二连湖 13. 植物园 14.丽景湖公园 15. 章子湖公园 16. 三沙源中央公园 17. 鸣翠湖国家湿地公园

图 6-1 研究区位置图

表 6-1　研究区 17 个公园基本信息表

序号	公园名称	面积/m²	周长/m
1	如意湖公园	1 005 088.48	19 501.34
2	阅海公园	16 233 860.11	204 951.39
3	宁大湖公园	223 958.78	6 531.79
4	西夏公园	136 270.98	4 887.96
5	解放公园	98 976.69	4 268.33
6	森林公园	746 091.22	23 048.98
7	凤凰公园	10 79 804.86	25 255.05
8	典农河滨水景观公园	2 069 493.37	73 634.43
9	海宝公园	1 940 922.54	38 515.31
10	中山公园	419 080.03	10 019.72
11	宝湖公园	940 848.58	20 247.75
12	七十二连湖	4 405 921.28	81 554.03
13	植物园	660 135.64	16 568.89
14	丽景湖公园	201 428.88	5 776.41
15	章子湖公园	935 612.04	10 420.86
16	三沙源中央公园	736 231.43	22 339.85
17	鸣翠湖国家湿地公园	4 250 296.27	32 761.75

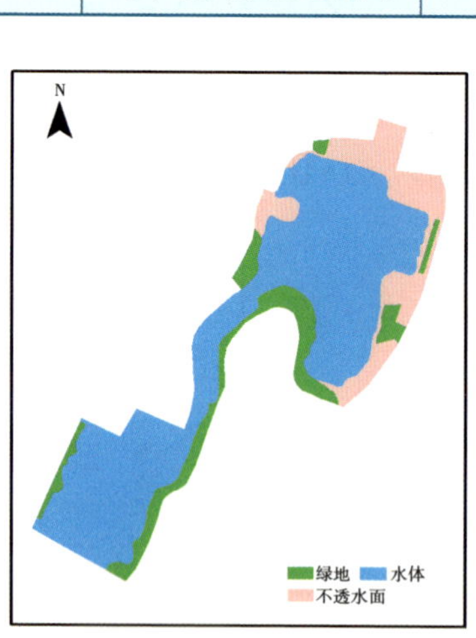

如意湖公园

阅海公园

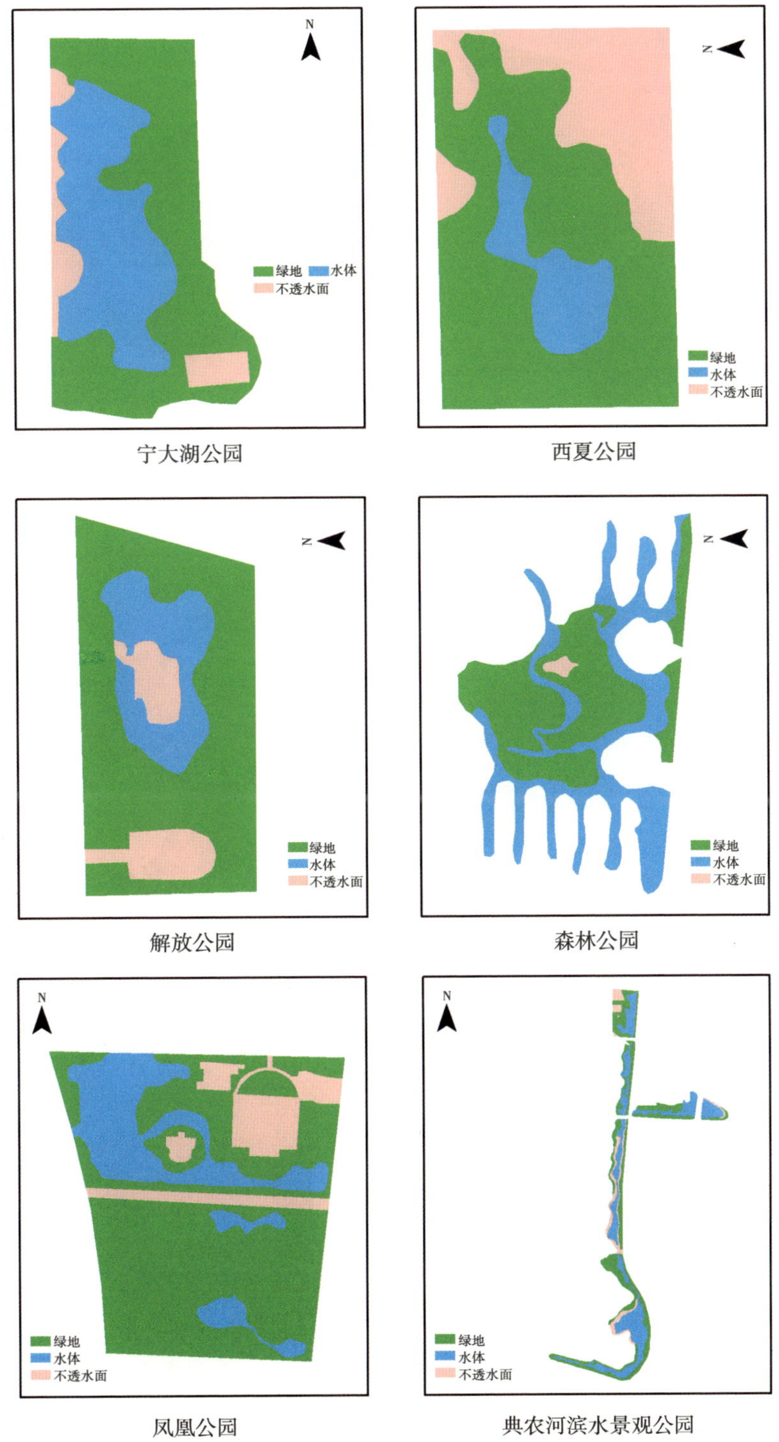
N
绿地
水体
不透水面
宁大湖公园
N
绿地
水体
不透水面
西夏公园
N
绿地
水体
不透水面
解放公园
N
绿地
水体
不透水面
森林公园
N
绿地
水体
不透水面
凤凰公园
N
绿地
水体
不透水面
典农河滨水景观公园

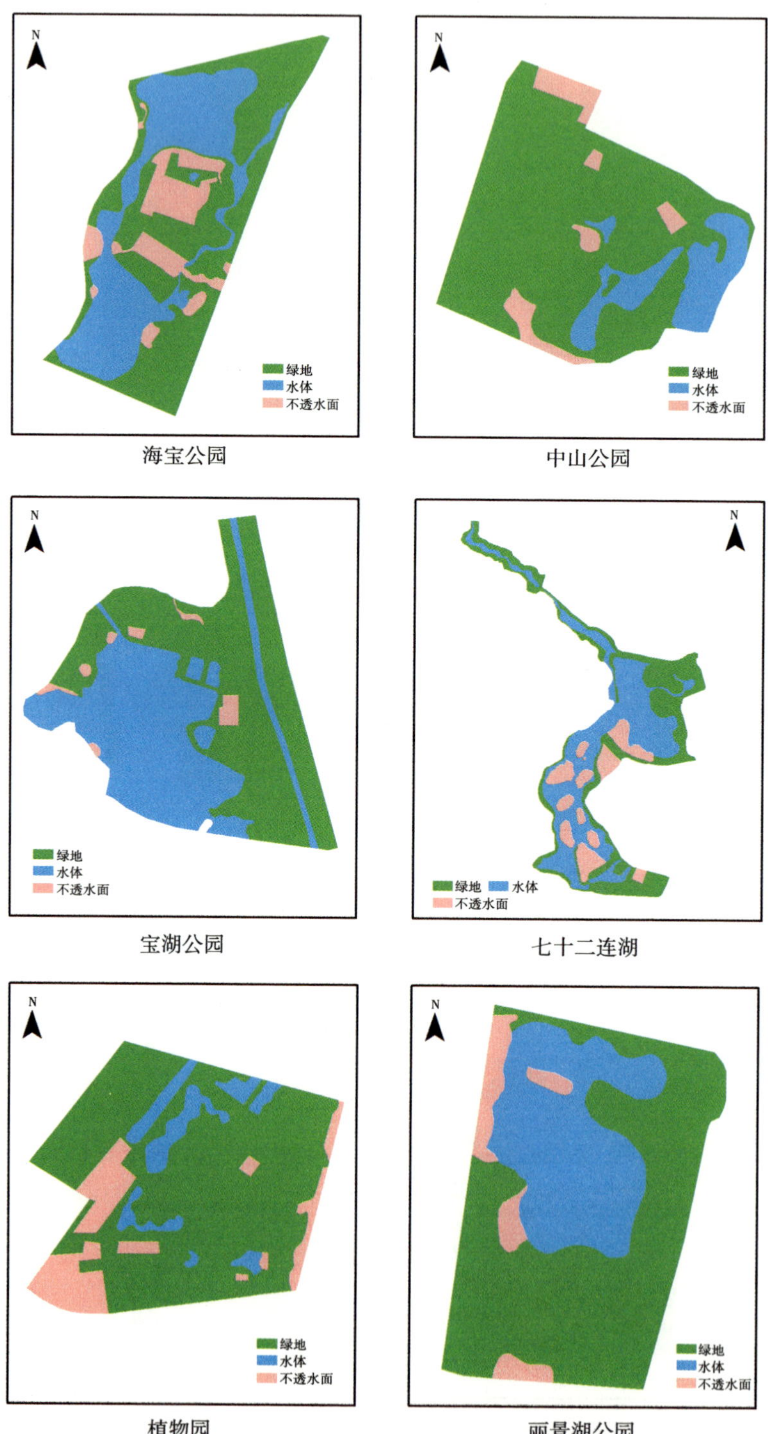
N
绿地
水体
不透水面
海宝公园
N
绿地
水体
不透水面
中山公园
N
绿地
水体
不透水面
宝湖公园
N
绿地
水体
不透水面
七十二连湖
N
绿地
水体
不透水面
植物园
N
绿地
水体
不透水面
丽景湖公园

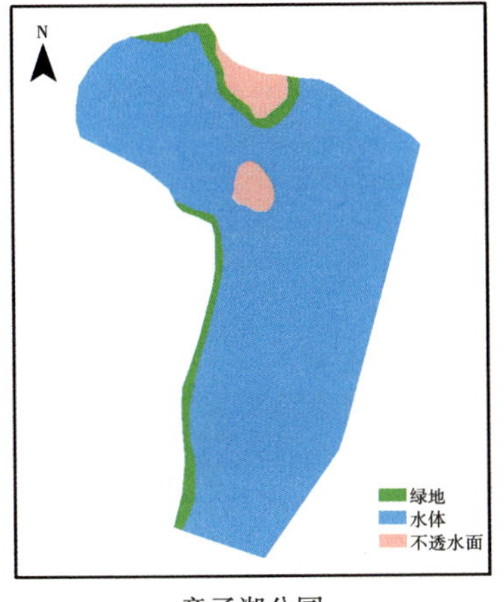

章子湖公园

三沙源中央公园

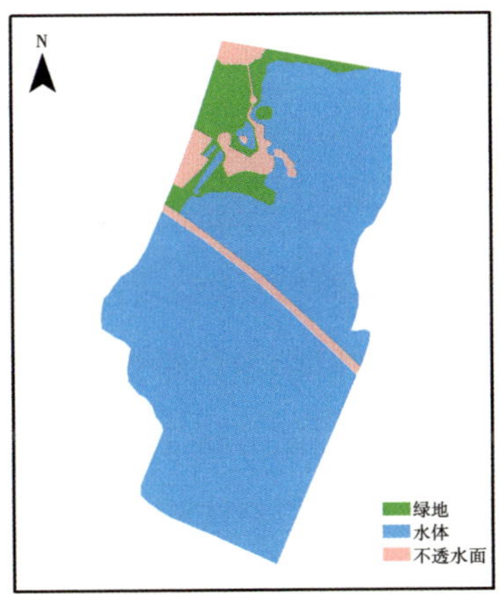

鸣翠湖国家湿地公园

图 6–2 研究区城市公园景观空间结构分布图

6.2.2 景观格局指数选取与计算

城市公园景观的空间结构特征与其空间布局是影响公园冷岛效应的重要因素（葛亚宁，2016）。本书参考冯悦怡和阮俊杰等人的研究成果和方法，结合银川市城市公园景观的特点，采用目视解译法将研究区城市公园内部土地覆盖类型划分为绿地（草地和林地）、水体和不透水面 3 大类型，从景观构成、斑块形态特征和空间布局特征 3 个方面选取公园景观面积、形状指数、聚集度等 10 个公园景观特征指标(表 6-2),基于 Fragstats 4.2 平台,定量描述公园景观镶嵌体空间特征,探讨公园结构与其降温效应的关系。各个指标的意义及具体测定和计算方法,参阅 Fragstats 4.2 用户指南及文献(邬建国,2000)。

表 6-2 公园景观特征指标选择

	空间景观特征指标
景观构成	绿地面积 A_G,水体面积 A_W,不透水面面积比例 P_B
斑块形态特征	公园景观形状指数 LSI,绿地景观形状指数 LSI_G,水体景观形状指数 LSI_W,不透水面景观形状指数 LSI_B
空间布局特征	绿地聚集度 AI_G,水体聚集度 AI_w,不透水面聚集度 AI_B

6.2.3 缓冲区分析

缓冲区分析是在空间地理要素(点、线、面)周围根据缓冲半径建立而形成的具有一定宽度范围缓冲区(圆形、平行条带多边形或面状多边形),是解决空间实体的邻近度问题常用的空间分析工具之一,该方法可分析空间实体在周围的影响区域(仲佳,2020),广泛应用于交通、资源管理、城市规划等领域。从数学角度看,缓冲区是给定空间对象或集合后获得的他们的邻域,邻域的大小由邻域的半径或缓冲区建立条件来决定。因此,对于一个给定的对象A,它的缓冲区可以定义为:

$$P=\{x|d(x,A\leqslant r)\} \tag{6-1}$$

式中,P 为缓冲区;A 为地理要素;d 一般是欧式距离,也可以是其他距离,其中 r 为邻域半径或缓冲半径区建立的条件。

6.2.4 公园对周边降温模型

研究表明,公园对周边热环境的降温效应到一定范围之后会逐渐减缓,地表温度的变化趋于平稳,此时公园的冷岛效应也逐渐消失(苏泳娴,2010;

冯怡悦,2014;冯晓刚,2012)。本书采用苏泳娴等的研究模型,利用三次多项式拟合公园边界点温差(ΔT)和距离(L)之间的关系,确定研究区 17 个公园对周边热环境的降温范围和幅度,其模型表达如下:

$$\Delta T(L)=\begin{cases} aL^3+bL^3+cL & 0\leqslant L\leqslant L_{max} \\ \Delta T_{max} & L>L_{max} \end{cases} \tag{6-2}$$

$$L_{max}=\left(-b-\sqrt{b^2-3ac}\right)/3a \tag{6-3}$$

$$\Delta T_{max}=\frac{2b^3+(2b^2-6ac)\sqrt{b^2-3ac}-9abc}{27a^2} \tag{6-4}$$

式中,a、b、c 分别为三次多项式中三次项、二次项和一次项的拟合系数;L_{max} 和 ΔT_{max} 分别为公园对周边影响的最大距离和最大温差。

6.3 结果与分析

6.3.1 公园热环境效应的整体空间分布特征

将城市公园和地表温度进行空间叠置分析并对公园的温度进行统计,发现公园内部平均温度为 29.32℃,而公园 500 m 缓冲区范围内平均温度约为 33.37℃,表明城市公园冷岛效应显著(表 6–3),且公园内部平均温度在空间上表现出一定的空间分布规律,即离城市热岛中心近的公园平均温度明显高于远离城市中心的公园,如章子湖公园和鸣翠湖国家湿地公园距城市中心较远,受热岛效应影响也随之减小,公园温度也相对较低,尤其是鸣翠湖在 17 个公园中温度最低仅为 25.82℃。由此可见,空间位置是影响公园热环境效应的重要因素之一。

表 6-3　17 个公园内部平均温度和 500 m 缓冲区内平均温度统计表

序号	公园名称	公园平均温度/℃	500 m 范围内平均温度/℃	序号	公园名称	公园平均温度/℃	500 m 范围内平均温度/℃
1	如意湖公园	29.29	33.72	10	中山公园	29.07	34.20
2	阅海公园	26.21	29.26	11	宝湖公园	27.89	31.68
3	宁大湖公园	31.27	35.82	12	七十二连湖	29.75	33.44
4	西夏公园	32.09	36.69	13	植物园	29.81	34.42
5	解放公园	32.77	38.61	14	丽景湖公园	30.62	34.75
6	森林公园	29.18	32.91	15	章子湖公园	27.22	32.41
7	凤凰公园	29.77	31.05	16	三沙源中央公园	29.28	35.29
8	典农河滨水景观公园	29.02	33.10	17	鸣翠湖国家湿地公园	25.82	27.53
9	海宝公园	29.40	32.33	—	—	—	—

6.3.2　公园斑块特征及热环境效应

6.3.2.1　公园斑块特征

公园景观斑块的空间格局特征直接影响其周边热环境变化程度，是城市公园规划和设计的重要内容之一，其与生态学过程的关系是景观生态学研究的一个核心问题(贾刘强,2009;孟丹,2010)。为定量研究银川城区公园斑块空间格局对周围热环境的影响效应,本研究以 GF2 遥感影像为基础,提取研究区 17 个主要公园信息,引入景观斑块面积、周长和周长面积比 3 个斑块特征指标,并对其进行统计(表 6-4)。结果显示,银川市主要公园景观斑块面积、周长和周长面积比差异明显,整体斑块特征差异较为显著,其中阅海公园的面积和周长均为最大,解放公园的面积和周长均为最小,从边界复杂性来看,解放公园的周长面积比最大,而鸣翠湖国家湿地公园的最小。

表 6-4　银川市城区主要公园景观斑块特征统计

变量	总和	最大值	最小值	平均值	标准差
面积/m^2	36 084 021.18	16 233 860.11	98 976.69	2 122 589.48	3 743 541.38
周长/m	600 283.84	204 951.39	4 268.33	35 310.81	47 587.99
周长面积比/m^{-1}	0.416 799	0.0431246	0.007 708	0.024 518	0.009 104

6.3.2.2　公园斑块特征的热环境效应

将公园景观斑块与城市热环境进行叠加分析，在此基础上分别采用多种函数（线性、对数、指数、乘幂等）对斑块面积、周长和周长面积比 3 个斑块特征指标与地表温度进行拟合（表 6-5，图 6-3）。可以看出，面积较大的阅海公园和鸣翠湖国家湿地公园温度较低，分别为 26.21℃和 25.82℃。而面积较小的宁大湖公园、丽景湖公园、西夏公园以及解放公园温度均高于

表 6-5　公园斑块景观指数与地表温度关系模型

变量	函数类型	函数表达式	R^2
面积—温度	线性函数	$y = -3\times10^{-7}x + 29.90$	0.330 2
	对数函数	$y = -1.123\ln(x) + 44.69$	0.650 5
	指数函数	$y = 29.872e^{(0.000\,000\,01)x}$	0.345 4
	乘幂函数	$y = 49.531x^{-0.038}$	0.644 7
周长—温度	线性函数	$y = -2\times10^{-5}x + 29.99$	0.252 8
	对数函数	$y = -1.126\ln(x) + 40.46$	0.419 5
	指数函数	$y = 29.953e^{(0.000\,000\,7)x}$	0.258 9
	乘幂函数	$y = 42.728\,48\,x^{(0.038\,25)}$	0.409 3
周长面积比—温度	线性函数	$y = 163.94x + 25.302$	0.698 1
	对数函数	$y = 3.464\,5\ln(x) + 42.459$	0.716 3
	指数函数	$y = 25.9e^{5.634\,6x}$	0.697 0
	乘幂函数	$y = 46.181x^{0.120\,3}$	0.729 8

注：回归方程均通过 1%的显著性检验

30℃。公园面积过小对周围热环境的影响相当有限，公园面积与公园温度呈负相关且对数函数对拟合效果最好，相关系数分别为-0.806 5。公园斑块周长与公园温度整体呈负相关，阅海公园、七十二连湖和典农河滨水景观公园的斑块周长较大，对应公园温度分别为 26.21℃、29.75℃和 29.02℃。而周长较小的西夏公园以及解放公园温度达到了 32℃以上，曲线拟合结果显

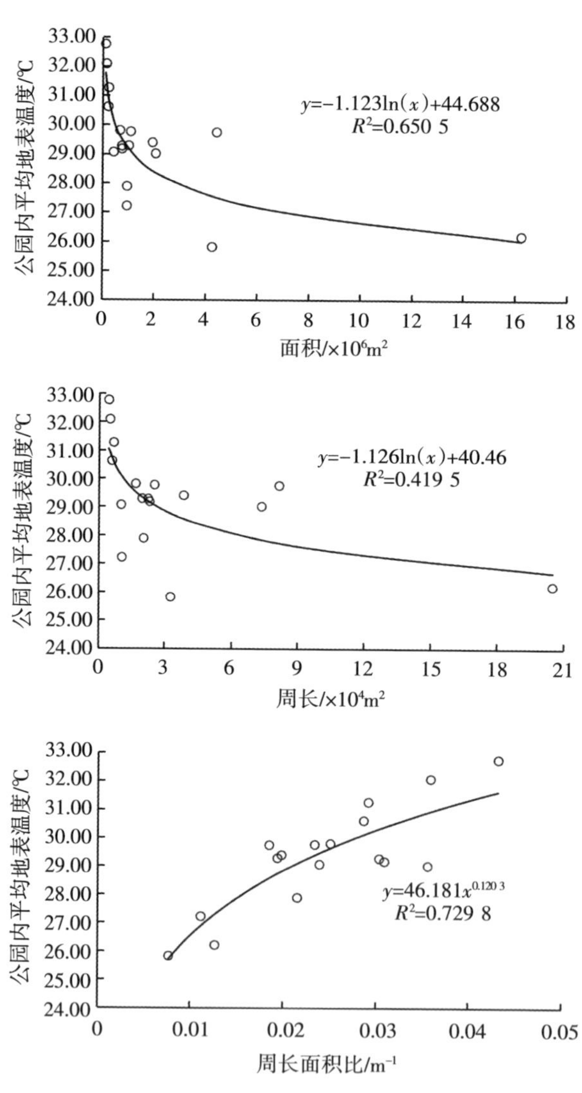

注：回归方程均通过 1%的显著性检验

图 6-3 公园景观斑块面积、周长和周长面积比与公园内平均温度关系

示对数函数对拟合效果最好，相关系数为–0.647 7。17 个公园中斑块周长面积比指标较小的鸣翠湖国家湿地公园、章子湖公园和阅海公园，对应公园分别为 25.82℃、27.22℃和 26.21℃。而解放公园和西夏公园的斑块周长面积比较大，对应公园温度分别为 32.77℃和 32.09℃，二者呈正相关且幂函数拟合效果最好，相关系数为 0.854 2。综上所述，公园景观的温度随着公园面积和斑块周长的增加而降低，随着周长面积比的增加而增加，3 个斑块特征指标中，周长面积比与热环境之间的模拟拟合度最好，面积次之，周长相对较差。

6.3.3 公园景观特征对公园内部热环境的影响

对 17 个公园内部的绿地、水体和不透水面地表温度的统计结果显示，3 种地表覆盖类型的地表平均温度分别为 29.95℃、27.53℃和 31.95℃，水体温度最低而不透水面温度最高，绿地温度比水体高 2.42℃，比不透水面低 2.0℃。由此可见，公园内部景观构成对其温度有很大影响。为进一步探讨公园景观构成与地表温度的关系，将银川市城区 17 个公园内部平均温度与所选的 10 个公园景观特征指标进行拟合分析（表 6–6），结果显示，绿地面积和水体面积与公园平均温度显著负相关且呈对数变化关系（图 6–4a、6–4b），而不透水面面积比例与公园平均温度相关性并不明显（图 6–4c）。绿地和水体面积越大，公园平均温度越低，尤其是水体面积与公园平均温度的决定系数 R^2，达到了 0.701。当绿地和水体面积相对较小时，公园温度对二者的变化较为敏感，但随着绿地和水体面积不断增大，公园内部温度下降趋势逐渐减缓。由此可见，增加绿地和水体斑块面积可有效降低公园温度。此外，统计 17 个公园绿地、水体和不透水面的比例，结果表明，当水体面积比例超过 50%，不透水面面积占比低于 17%时，公园内部平均温度均低于 30℃，如阅海公园和鸣翠湖国家湿地公园，水体面积占比分别为 66.77%和 79.41%，公园温度分别为 26.21℃和 25.82℃。说明公园绿地和水体面积越大，不透水面面积越小，对公园的降温效果越好。

从斑块形态特征来看，公园平均温度与公园景观形状指数、绿地景观形状指数和不透水面形状指数显著相关且呈指数负相关关系（图 6-4d、6-4e、6-4g），与水体景观形状指数相关性并不明显（图 6-4f），表明公园和绿地形状越复杂，对公园的降温效果越明显，而水体的形状则对公园的热环境变化影响并不明显。因此，增加公园斑块和绿地斑块形状的复杂程度，能够一定程度上提高公园的降温效果。景观空间分布特征表明，水体聚集度指数与公园温度呈显著相关的指数负相关关系（图 6-4i），聚集度指数越高，水体分布越集中，公园平均温度越低，而绿地和不透水面聚集度指数与公园温度相关性并不显著（图 6-4g、6-4j）。因此，公园内部集中成片的水体有助于降低其温度。

表 6-6　城市公园空间结构特征与其平均温度相关系数

	景观构成			斑块形态特征				空间布局特征		
	A_G	A_W	P_B	LSI	LSI_G	LSI_W	LSI_B	AI_G	AI_w	AI_B
相关系数	−0.575*	−0.605*	0.463	−0.719**	−0.565*	−0.284	−0.507*	0.200	−0.691**	−0.052

注：* 表示在 0.05 水平（双侧）上显著相关，** 表示在 0.01 水平（双侧）上显著相关

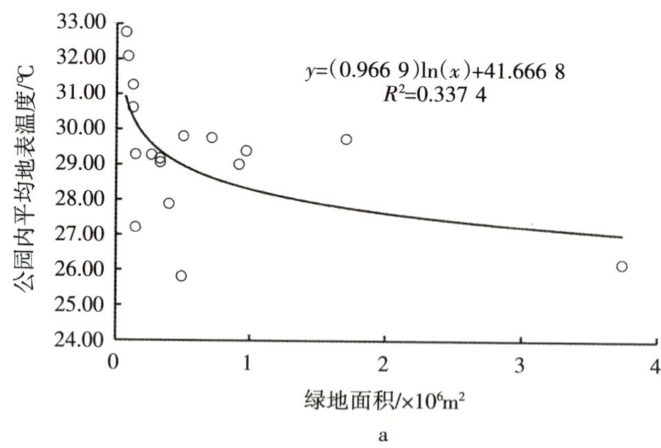

a

y=(0.861 2)ln(x)+40.2062
R²=0.701 0
公园内平均地表温度/℃
水体面积/×10⁶m²
33.00
32.00
31.00
30.00
29.00
28.00
27.00
26.00
25.00
24.00
0
1
2
3
4
b

y=0.169 8x+27.262 8
R²=0.214 3
公园内平均地表温度/℃
不透水面面积比例/%
33.00
32.00
31.00
30.00
29.00
28.00
27.00
26.00
25.00
24.00
0
10
20
30
c

y=(2.994 0)ln(x)+33.739 6
R²=0.589 1
公园内平均地表温度/℃
公园景观形状指数
33.00
32.00
31.00
30.00
29.00
28.00
27.00
26.00
25.00
24.00
2.00
3.00
4.00
5.00
6.00
7.00
8.00
9.00
10.00
d

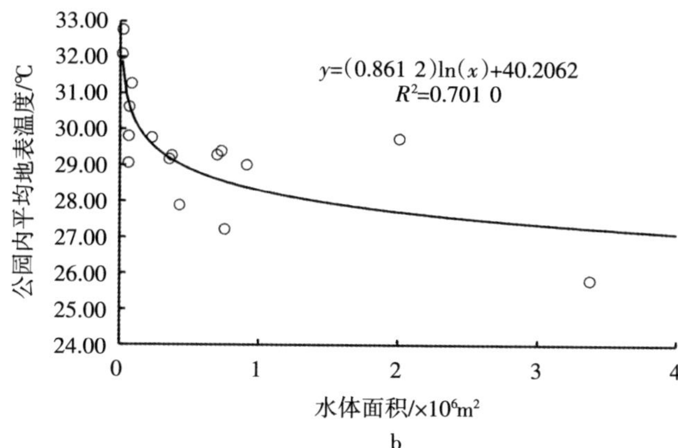

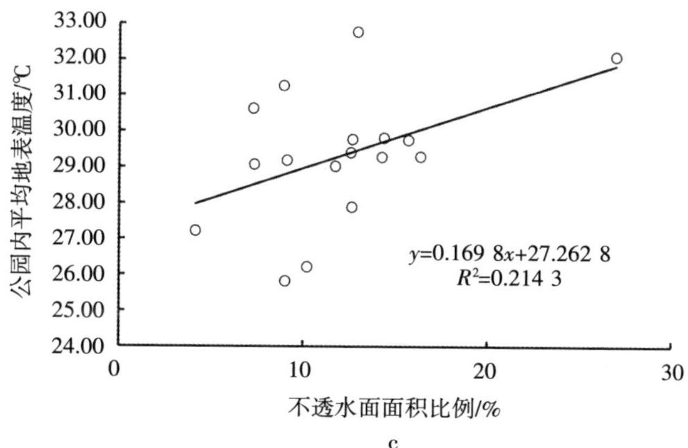

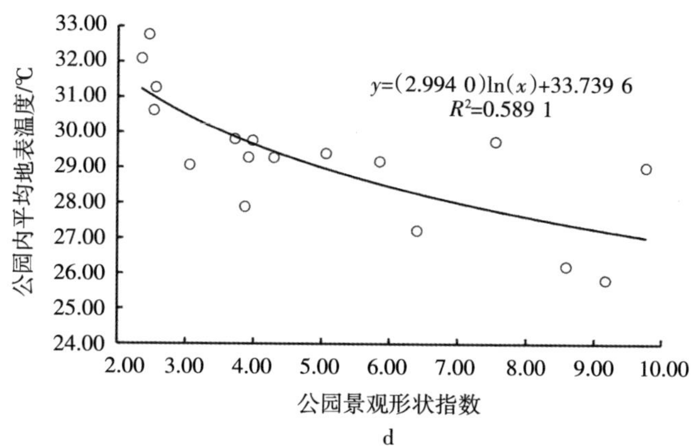

y=(1.986 6)ln(x)+32.371 2
R^2=0.320 2
公园内平均地表温度/℃
33.00
32.00
31.00
30.00
29.00
28.00
27.00
26.00
25.00
24.00
2.00
3.00
4.00
5.00
6.00
7.00
8.00
9.00
10.00
绿地景观形状指数

e

y=(1.208 4)ln(x)+30.771 5
R^2=0.100 5
公园内平均地表温度/℃
33.00
32.00
31.00
30.00
29.00
28.00
27.00
26.00
25.00
24.00
1.00
2.00
3.00
4.00
5.00
6.00
7.00
8.00
水体景观形状指数

f

y=(1.706 1)ln(x)+31.494 8
R^2=0.254 4
公园内平均地表温度/℃
33.00
32.00
31.00
30.00
29.00
28.00
27.00
26.00
25.00
24.00
1.00
2.00
3.00
4.00
5.00
6.00
7.00
8.00
不透水面景观形状指数

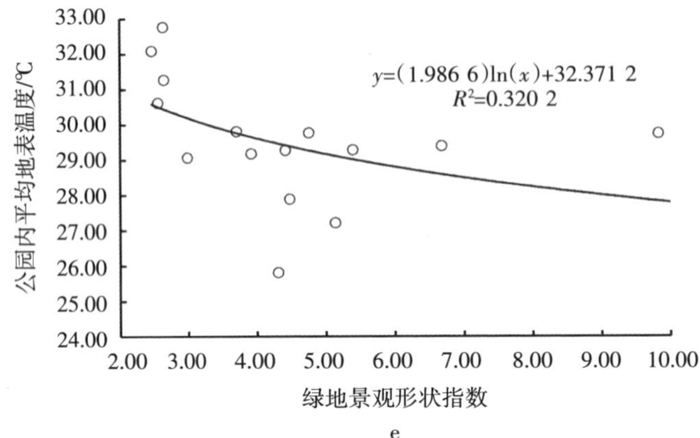

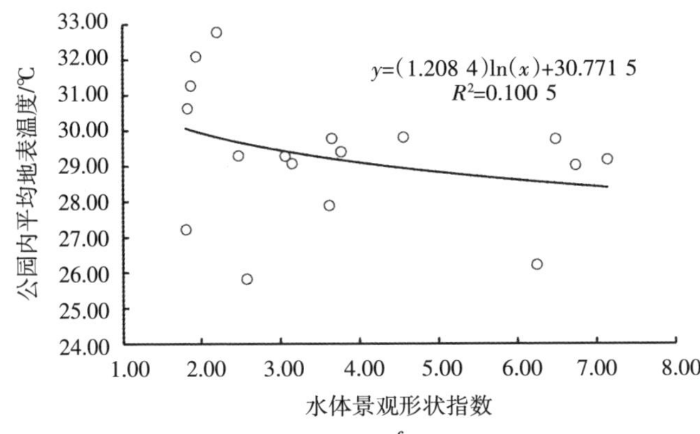

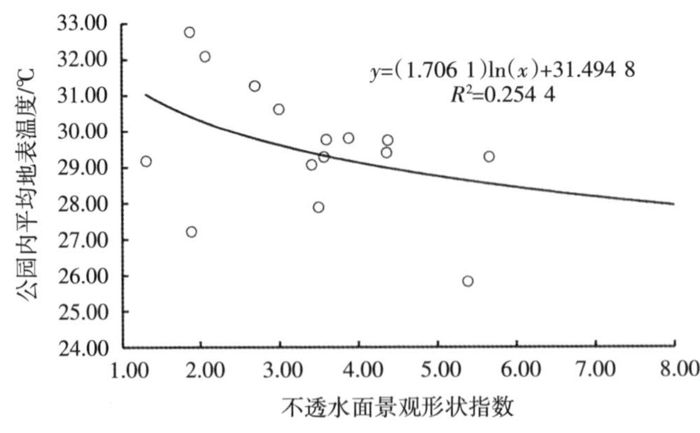

g

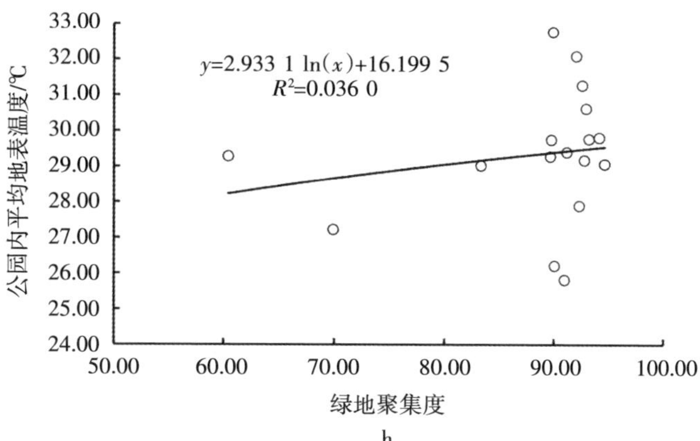

h

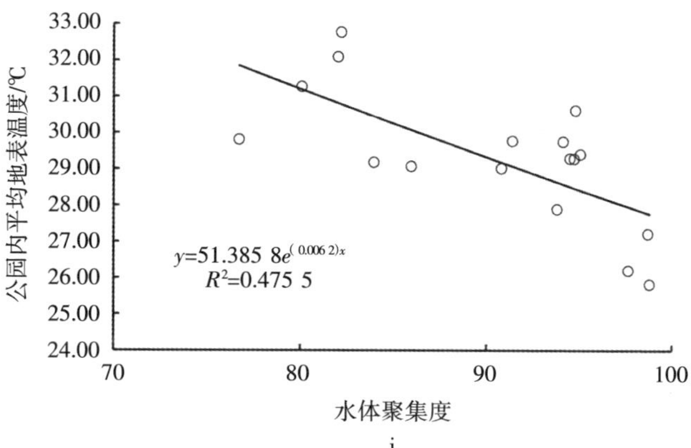

i

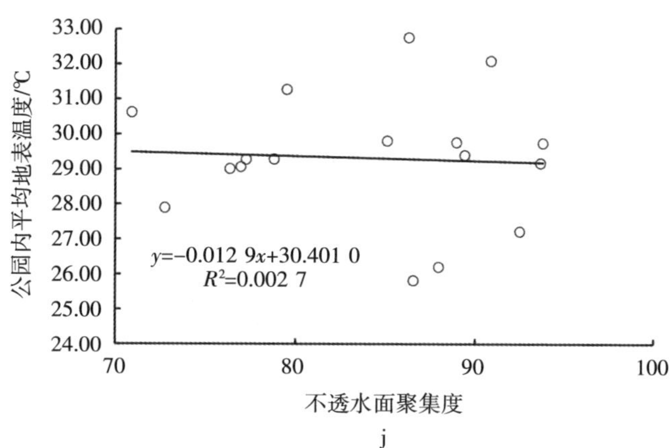

j

图 6–4 公园景观特征指标与公园内平均温度关系

6.3.4 公园的降温影响范围和幅度

以 50 m 为缓冲半径对 17 个公园构建缓冲区，并以缓冲环离公园的距离(L)为自变量，以缓冲环内温差(ΔT)为因变量，采用三次多项式对各个公园进行拟合分析，建立公园降温影响范围和幅度模型，利用公式6–3 和6–4 计算出各公园对周边降温影响的最大温差距离最大距离(表 6–7，图 6–5)。结果显示，①17 个公园的拟合三次多项式拟合程度较高，R^2 均大于 0.8。②公园周边温度在到达最大影响距离之前均呈上升趋势，随后温度逐渐趋于稳定，虽然仍在较小范围内波动，但该波动是由于周边地表覆盖类型变化等其他因素导致，整体上依然可以认为是近似于代表常数的水平直线(苏泳娴，2012；冯晓刚，2012)。③17 个公园中，最大降温影响距离主要分布在 200~300 m，但不同公园仍差异较大，其中典农河滨水景观公园和西夏公园的最大降温影响距离相对较小，均小于 200 m，而凤凰公园的最大降温影响范围最大，约为 385.02 m。从最大温差来看，章子湖公园最大，约为 7.58℃，而鸣翠湖国家湿地公园最小，仅为 3.38 ℃。整体来看，公园对内部及周边 100 m 区域范围内降温效果最为明显。

表 6–7 研究区城市公园周边温差(ΔT)与距离(L)三次多项式拟合结果

序号	公园名称	拟合三次多项式	R^2	L_{max}	ΔT_{max}
1	如意湖公园	ΔT=0.000 000 24L^3–0.000 226 45L^2+0.065 360 27L	0.860 1	224.29	5.98
2	阅海公园	ΔT=0.000 000 19L^3–0.000 203 31L^2+0.068 494 37L	0.885 2	272.67	7.41
3	宁大湖公园	ΔT=0.000 000 25L^3–0.000 234 37L^2+0.065 438 67L	0.889 2	210.51	5.72
4	西夏公园	ΔT=0.000 000 23L^3–0.000 216 97L^2+0.058 883 48L	0.936 8	198.09	4.94
5	解放公园	ΔT=0.000 000 13L^3–0.000 122 35L^2+0.035 409 63L	0.880 4	226.40	3.25
6	森林公园	ΔT=0.000 000 05L^3–0.000 080 08L^2+0.036 791 10L	0.972 5	334.52	5.22
7	凤凰公园	ΔT=0.000 000 03L^3–0.000 043 77L^2+0.020 363 00L	0.905 0	385.02	3.06

续表

序号	公园名称	拟合三次多项式	R^2	L_{max}	ΔT_{max}
8	典农河滨水景观公园	ΔT=0.000 000 11L^3−0.000 118 84L^2+0.033 452 96L	0.963 5	191.85	2.82
9	海宝公园	ΔT=0.000 000 10L^3−0.000 113 11L^2+0.039 275 19L	0.884 7	271.03	4.33
10	中山公园	ΔT=0.000 000 21L^3−0.000 215 55L^2+0.067 510 39L	0.914 5	242.63	6.69
11	宝湖公园	ΔT=0.000 000 14L^3−0.000 154 15L^2+0.051 712 84L	0.904 8	259.41	5.49
12	七十二连湖	ΔT=0.000 000 20L^3−0.000 204 58L^2+0.061 625 89L	0.868 0	224.57	5.79
13	植物园	ΔT=0.000 000 20L^3−0.000 209 30L^2+0.064 453 92L	0.990 6	229.41	6.19
14	丽景湖公园	ΔT=0.000 000 21L^3−0.000 200 21L^2+0.056 834 20L	0.903 1	213.97	5.05
15	章子湖公园	ΔT=0.000 000 25L^3−0.000 258 49L^2+0.079 196 12L	0.897 7	229.80	7.58
16	三沙源中央公园	ΔT=0.000 000 22L^3−0.000 231 30L^2+0.074 355 60L	0.931 3	249.67	7.57
17	鸣翠湖国家湿地公园	ΔT=0.000 000 10L^3−0.000 104 55L^2+0.033 410 96L	0.884 7	248.09	3.38
平均值	—	—	—	247.76	5.32

注：L_{max} 与 ΔT_{max} 分别为公园对周边影响的最大距离和最大温差

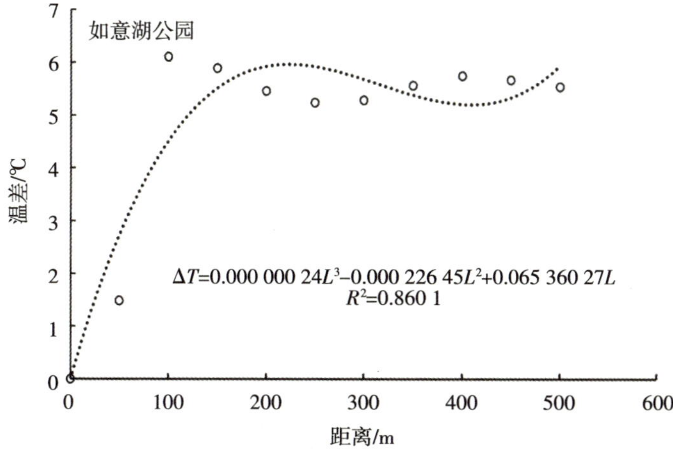

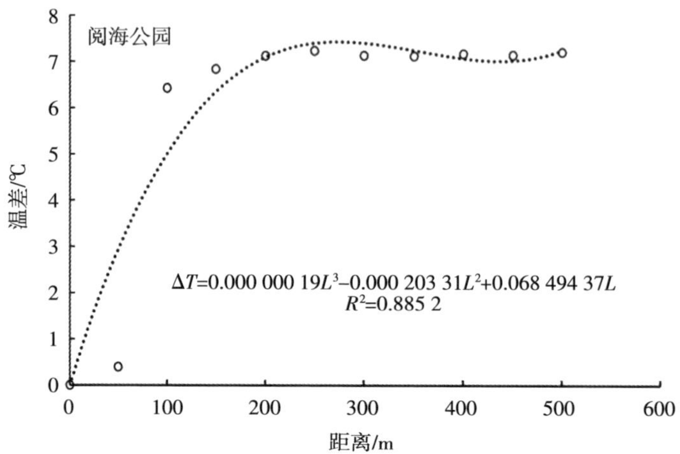
阅海公园
温差/℃
距离/m
0
1
2
3
4
5
6
7
8
0
100
200
300
400
500
600
ΔT=0.000 000 19L³–0.000 203 31L²+0.068 494 37L
R²=0.885 2

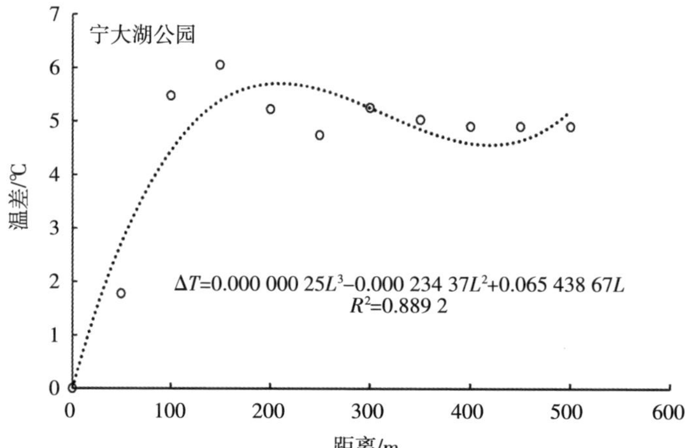
宁大湖公园
温差/℃
距离/m
0
1
2
3
4
5
6
7
0
100
200
300
400
500
600
ΔT=0.000 000 25L³–0.000 234 37L²+0.065 438 67L
R²=0.889 2

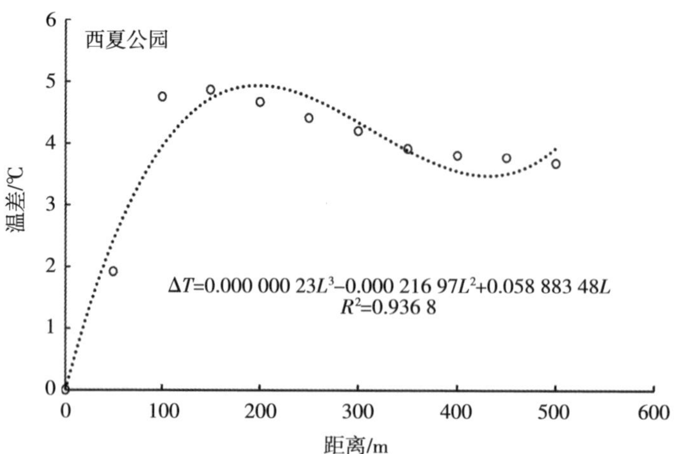
西夏公园
温差/℃
距离/m
0
1
2
3
4
5
6
0
100
200
300
400
500
600
ΔT=0.000 000 23L³–0.000 216 97L²+0.058 883 48L
R²=0.936 8

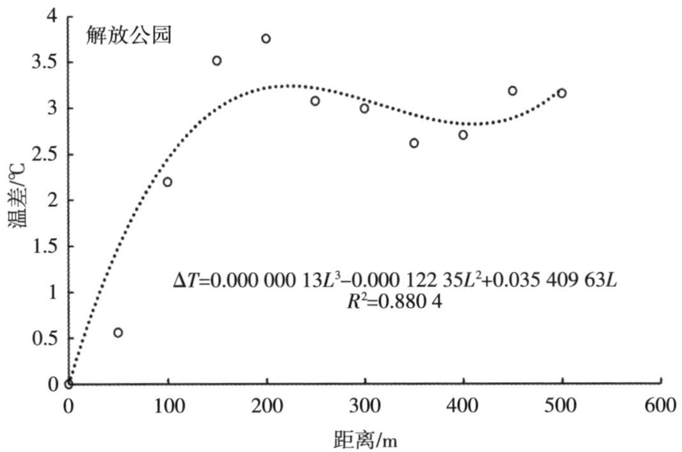
解放公园
温差/℃
距离/m
0
0.5
1
1.5
2
2.5
3
3.5
4
0
100
200
300
400
500
600
ΔT=0.000 000 13L³–0.000 122 35L²+0.035 409 63L
R²=0.880 4

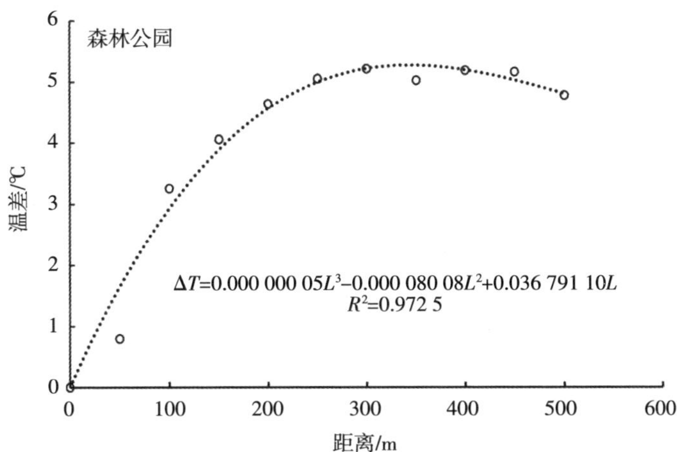
森林公园
温差/℃
距离/m
0
1
2
3
4
5
6
0
100
200
300
400
500
600
ΔT=0.000 000 05L³–0.000 080 08L²+0.036 791 10L
R²=0.972 5

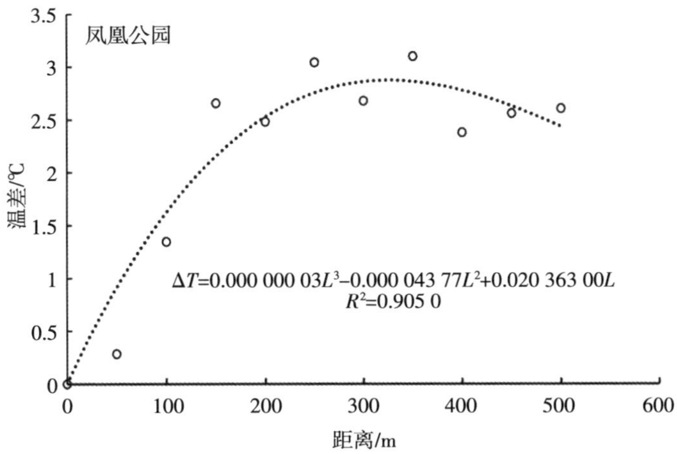
凤凰公园
温差/℃
距离/m
0
0.5
1
1.5
2
2.5
3
3.5
0
100
200
300
400
500
600
ΔT=0.000 000 03L³–0.000 043 77L²+0.020 363 00L
R²=0.905 0

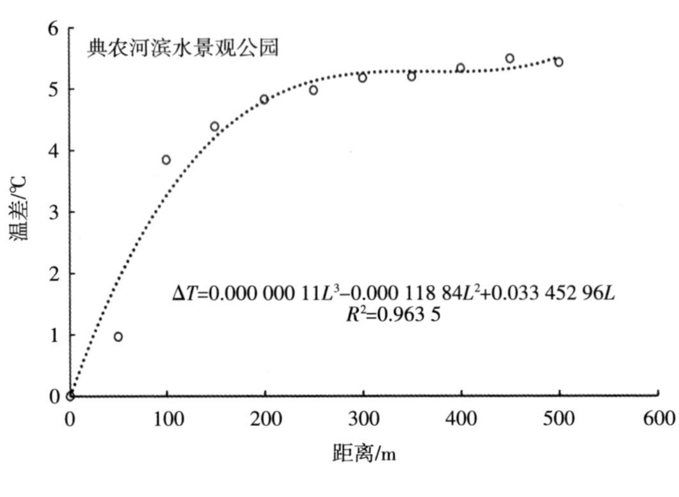
典农河滨水景观公园
温差/℃
距离/m
ΔT=0.000 000 11L³–0.000 118 84L²+0.033 452 96L
R²=0.963 5
0
1
2
3
4
5
6
100
200
300
400
500
600

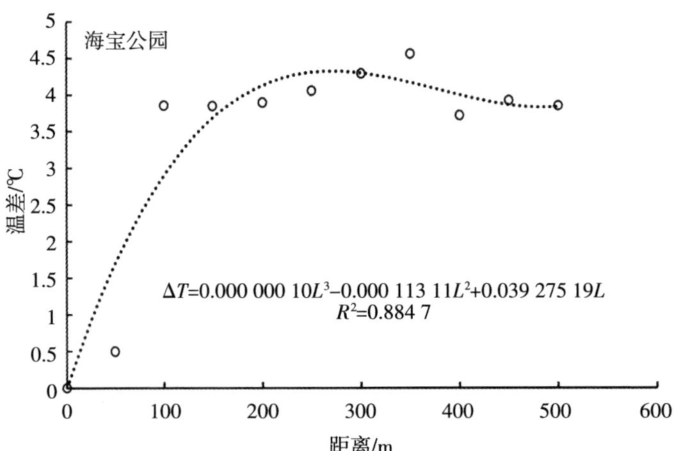
海宝公园
温差/℃
距离/m
ΔT=0.000 000 10L³–0.000 113 11L²+0.039 275 19L
R²=0.884 7
0
0.5
1
1.5
2
2.5
3
3.5
4
4.5
5
100
200
300
400
500
600

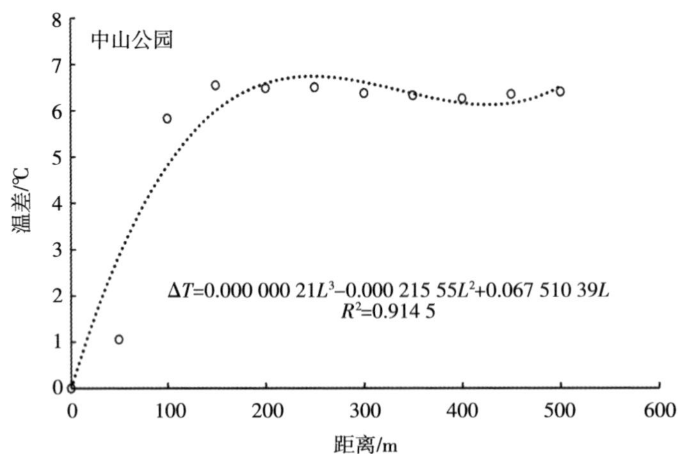
中山公园
温差/℃
距离/m
ΔT=0.000 000 21L³–0.000 215 55L²+0.067 510 39L
R²=0.914 5
0
1
2
3
4
5
6
7
8
100
200
300
400
500
600

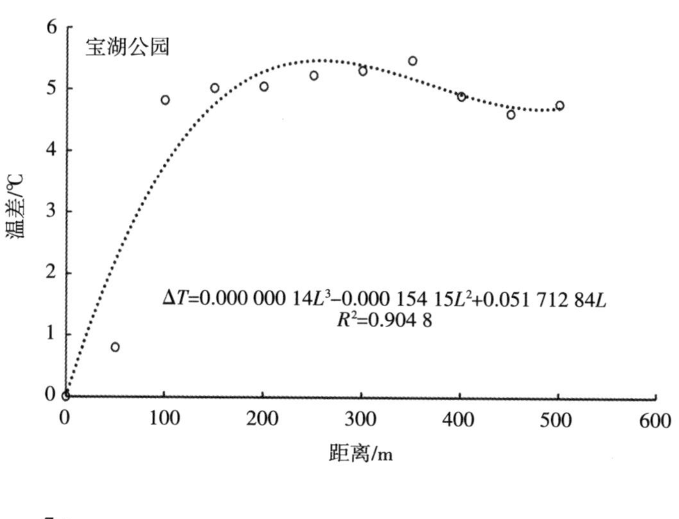
宝湖公园
温差/℃
距离/m
ΔT=0.000 000 14L³–0.000 154 15L²+0.051 712 84L
R²=0.904 8
0
1
2
3
4
5
6
0
100
200
300
400
500
600

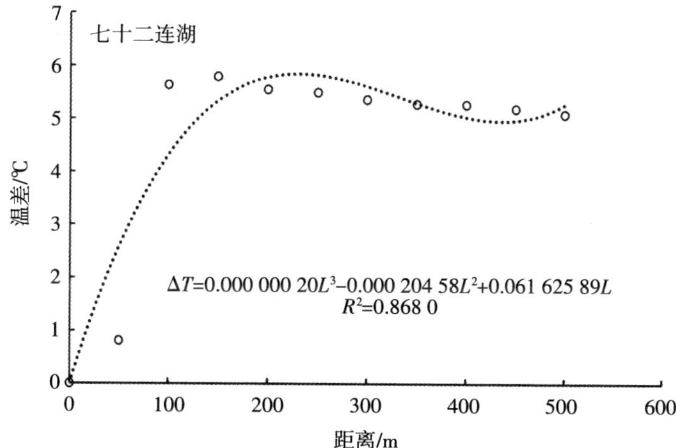
七十二连湖
温差/℃
距离/m
ΔT=0.000 000 20L³–0.000 204 58L²+0.061 625 89L
R²=0.868 0
0
1
2
3
4
5
6
7
0
100
200
300
400
500
600

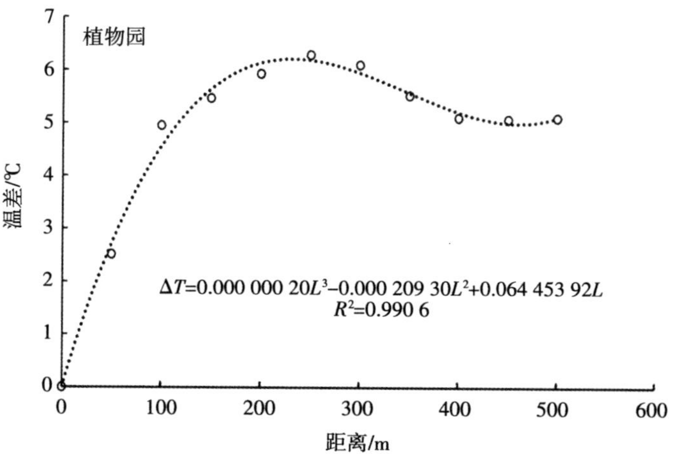
植物园
温差/℃
距离/m
ΔT=0.000 000 20L³–0.000 209 30L²+0.064 453 92L
R²=0.990 6
0
1
2
3
4
5
6
7
0
100
200
300
400
500
600

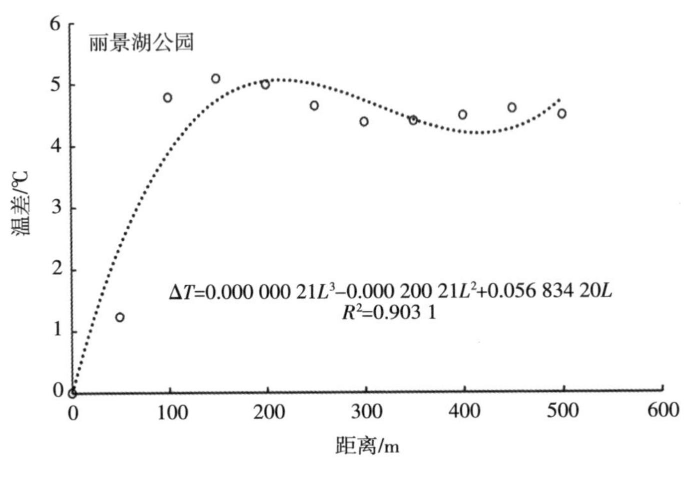
丽景湖公园
温差/℃
距离/m
ΔT=0.000 000 21L³–0.000 200 21L²+0.056 834 20L
R²=0.903 1

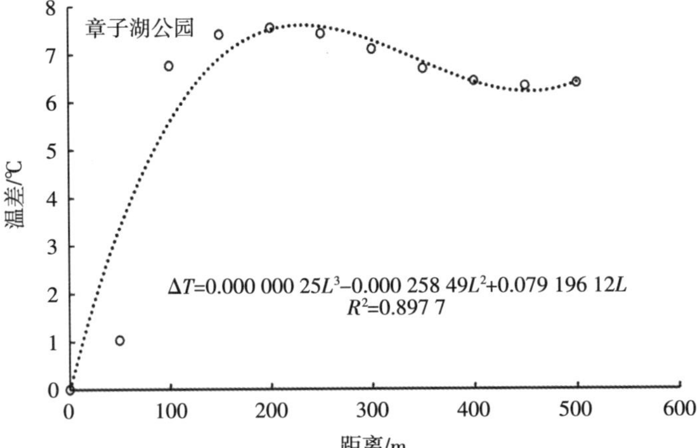
章子湖公园
温差/℃
距离/m
ΔT=0.000 000 25L³–0.000 258 49L²+0.079 196 12L
R²=0.897 7

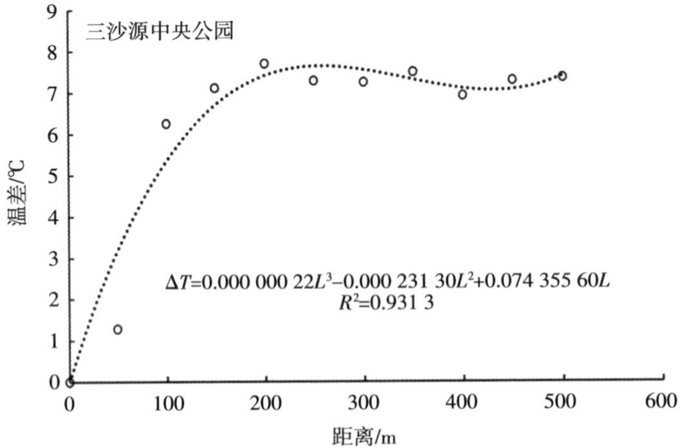
三沙源中央公园
温差/℃
距离/m
ΔT=0.000 000 22L³–0.000 231 30L²+0.074 355 60L
R²=0.931 3

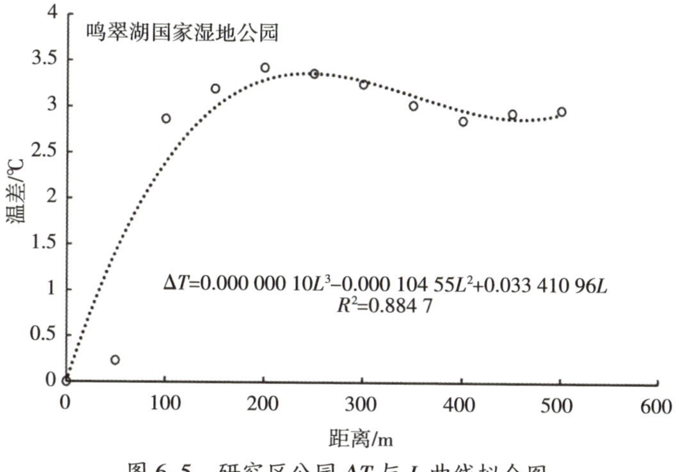

图 6–5 研究区公园 ΔT 与 L 曲线拟合图

6.3.5 典型公园水域景观热环境效应

水域景观作为城市公园的重要组成部分，因其具有较大的热惯性和热容量值、较低的热传导和热辐射率，能有效缓解城市热岛效应，不同程度地降低水域周边地地表温度，是城市热环境中的“冷岛”（岳文泽，2013）。本书选取了研究区内面积较大的阅海公园、海宝公园、七十二连湖、鸣翠湖国家湿地公园的 4 个面状水域景观以及典农河滨水景观公园和唐徕渠 2 个线状水域景观为研究对象，探讨不同景观类型水域对其周围热环境缓解程度。

6.3.5.1 典型面状水域的热环境效应分析

对 4 个面状水域斑块对应的地表温度进行空间统计分析（表 6–8），结果显示面状水域景观面积、形态和空间位置虽然各不相同，但水域平均温度却相差不大，说明当面状水域面积达到一定水平，水体的辐射温度会保持相对稳定，但水体与其所在区域的温差较大。对 4 个景观水域做半径为 500 m 的缓冲区，统计该区域内的平均温度，发现水域的平均温度均明显低于对应景观水域缓冲区范围内的平均温度。如市区的阅海公园，其水体温度比所在区域 500 m 范围内的平均温度低了约 6.31℃，二鸣翠湖国家湿地公园虽地处郊区，其水体也比其所在缓冲区区域低 2.95℃。

表 6-8　典型公园水域斑块特征与对应温度

景观类型	水域位置	面积/m²	周长/m	周长面积比/m⁻¹	水域平均温度/℃	500 m 范围内平均温度/℃
面状	阅海公园	10 839 259.83	68 070.61	0.006 3	24.17	28.98
	海宝公园	728 059.09	10 194.97	0.014 0	26.31	31.88
	七十二连湖	2 007 364.98	29 250.37	0.014 6	26.65	33.21
	鸣翠湖国家湿地公园	3 673 082.09	15 391.77	0.004 2	25.35	27.27
线状	典农河滨水景观公园	1 011 621.04	23 989.77	0.023 7	29.19	32.97
	唐徕渠	1 022 637.05	69 810.65	0.068 3	31.88	34.01

为进一步研究面状水域景观随水体距离增加周围热环境的变化情况，文本基于 ArcGIS 平台，利用缓冲区分析法构建水体外围 0~50 m（缓冲区 1）、50~100 m（缓冲区 2）、100~200 m（缓冲区 3）、200~300 m（缓冲区 4）、300~400 m(缓冲区 5)和 400~500 m(缓冲区 6) 6 个缓冲区,并利用 GF2 数据目视解译缓冲区内的绿地、水体和不透水面 3 类土地覆盖状况,在此基础上,统计 6 个缓冲环内不透水面面积比例(图 6-6,表 6-9),结果显示,随着缓冲区距离的增加,各个缓冲区内不透水面面积比重不断增加,对应的地表平均温度整体呈上升趋势。如阅海公园水域，其水体温度约为 24.17℃,0~50 m 缓冲区内植被覆盖面积达 79.12%,不透水面面积比重仅为 6.1%。该区域内地表平均温度为 25.22℃,随着缓冲距离的增加,缓冲区 2 至缓冲区 5 不透水面占比从 34.68%上升到 43.14%,对应区域的地表温度也升高了 2.58℃。而缓冲区 6 内不透水面面积比重较缓冲区 5 有所下降,对应区域内地表平均温度也略有降低。此外,对比 4 个公园的水域及缓冲区温度可以发现,鸣翠湖国家湿地公园的缓冲区温度明显低于其他 3 个公园,从缓冲区 2 到缓冲区 6,地表温度最大差值仅为 0.76℃。究其原因,主要为阅海公园、海宝公园和七十二连湖位于城区,而鸣翠湖国家湿地公园地处郊区,周边不透水面较少,植被覆盖度高,缓冲区内地表温度相对稳定,水体对临近区域热环

境的缓解作用明显。由此可见,面状水域能够有效降低水域周边地表温度,水域面积、所处位置和水域周围区域的下垫面类型是降温效果的重要影响因素。

表 6–9 典型公园水域缓冲区不透水面比重及均温

缓冲区范围/m	阅海公园		海宝公园		七十二连湖		鸣翠湖国家湿地公园	
	不透水面比重/%	温度/℃	不透水面比重/%	温度/℃	不透水面比重/%	温度/℃	不透水面比重/%	温度/℃
0~50	6.10	25.22	8.10	27.94	6.10	28.42	3.82	25.68
50~100	34.68	31.04	42.32	31.79	34.68	33.86	13.99	28.13
100~200	36.69	32.23	59.19	32.77	36.69	35.33	10.80	28.64
200~300	41.70	32.81	62.78	33.08	41.70	35.25	10.16	28.89
300~400	43.14	33.62	78.45	33.65	43.14	35.23	9.85	28.74
400~500	38.84	33.39	89.11	34.22	38.84	35.14	12.88	28.81

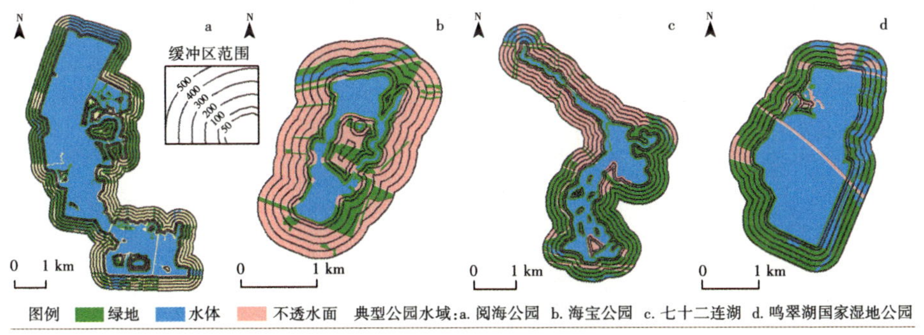

图 6–6 研究区典型公园水域缓冲区地表覆盖结构空间分布图

6.3.5.2 典型线状水域的热环境效应分析

线状水域作为生态景观廊道的重要表现形式之一,是物质、信息和能量传播的重要通道,能有效调节城市热岛中心和外围热量交换,对改善城市热环境也具有重要意义。本书选择典农河和唐徕渠 2 条河流廊道,对其构建 0~50 m(缓冲区 1)、50~100 m(缓冲区 2)2 个缓冲区,通过空间统计分析得到其缓冲区内的地表温度(表 6-10)。结果显示,典农河虽处城市热岛中心,但由于其河面相对较宽,水面平均温度比唐徕渠低约 2.7℃,水面温度标准差比唐徕渠小 0.75,表明典农河河流廊道内部温度相对较为稳定,变化较小。从缓冲区热环境变化来看,典农河缓冲区 1 和缓冲区 2 范围内的平均地表温度分别为 30.16℃和 32.01℃,比唐徕渠相应区域分别低 2.07℃和 1.09℃。整体来看,唐徕渠虽流经整个研究区,但其宽度仅为 24 m,对周边的降温效果并不明显。

此外,对比表 6-10、表 6-8 和表 6-9 可以发现,面状水域的水域温度明显低于线状水域廊道,虽然典农河和唐徕渠水域面积远大于海宝公园,但其平均温度仍高于后者,阅海公园、七十二连湖和鸣翠湖国家湿地公园的水域温度更是低于线状水域的温度,且面状水域 0~50 m 缓冲区内的地表平均温度明显低于线状水域。由此可知,面状水域比线状水域对城市热岛效应具有更好的降温效果。

表 6-10 典型河流水域缓冲区内热环境温度统计表

水域位置	统计区	最大值/℃	最小值/℃	平均值/℃	标准差/℃
典农河滨水景观公园	河面	31.96	27.47	29.18	1.04
	0~50 m	35.82	26.04	30.16	1.97
	50~100 m	38.23	27.27	32.01	2.26
唐徕渠	河面	32.25	27.41	31.88	1.79
	0~50 m	38.85	27.31	32.23	2.09
	50~100 m	40.59	26.75	33.1	2.51

6.4 小结

本研究基于Landsat 8 数据,以银川市 17 个公园为研究对象,反演银川市城区的地表温度,利用景观格局和缓冲区分析方法,掌握公园热环境效应的整体空间分布特征，探讨银川市城市公园斑块特征和景观空间结构特征对其内部热环境的影响,定量分析了公园对周边降温影响范围和幅度,并进一步研究了典型公园水域景观热环境效应,主要得出以下结论:

(1)17个公园景观斑块面积、周长和周长面积比差异明显,整体斑块特征差异较为显著,公园景观斑块特征对其内部温度影响明显,其内部温度与面积、周长呈显著负相关,而与周长面积比呈显著正相关,即公园景观的温度随着公园面积和周长的增加而降低,随着周长面积比的增加而增加。

(2)公园内部温度与公园景观构成关系密切,降温效应与绿地和水体面积显著负相关。此外,斑块形态特征和景观空间分布特征也是其重要的影响因素,公园冷岛效应与公园景观形状指数、绿地景观形状指数、不透水面形状指数以及水体聚集度指数显著相关。

(3)17个公园景观对周边热环境降温效果较为显著,拟合结果显示所选公园最大降温影响距离主要分布在200~300 m，总体上公园对内部及周边100 m区域范围内降温效果最为明显。降温温差章子湖公园最大，约为7.58℃,而鸣翠湖国家湿地公园最小,仅为3.38℃。

(4)面状水域能够有效降低水域周边地表温度,水域面积、所处位置和水域周围区域的下垫面类型是降温效果的重要影响因素，面状水域比线状水域对城市热岛效应具有更好的降温效果。

(5)本研究中采用的Landsa 8遥感数据,热红外波段分辨率相对较低,对地表温度反演结果精度有一定影响。此外,所选的17个代表性公园数量略显偏少，在以后的进一步研究中应增加公园样本数量以便获得精确的结果。

城市公园由草地、林地、河流以及湖泊等要素组成,不仅是休闲和游憩的场所,而且已成为缓解城市热岛效应的重要途径之一。本书研究表明,在城市公园规划和设计时,应综合权衡景观构成、斑块形态以及景观空间分布特征对其降温效果的影响，重点考虑公园绿地和水体的面积，尽量增加公园、绿地和水体斑块边界形状的复杂度，进而更好的改善城市热环境。此外，空间位置也是影响公园热环境效应的重要因素之一。

参考文献

[1] 冯悦怡，胡潭高，张力小. 城市公园景观空间结构对其热环境效应的影响[J]. 生态学报，2014，34(12)：3179-3187.

[2] 庞新坤，孙然好. 城市公园景观秋冬季动态热效应. 生态学报 [J]，2015，35(12)：4196-4202.

[3] 阮俊杰. 城市公园对夏季热环境的影响——以上海市中心城区为例 [J]. 生态环境学报，2016，25(10)：1663-1670.

[4] MAHMOUD A H A. Analysis of the microclimatic and human comfort conditions in an urban park in hot and arid regions. Building and Environment，2011，46 (12)：2641-2656.

[5] 周媛，石铁矛，胡远满，等. 基于 GIS 与多目标区位配置模型的沈阳市公园选址[J]. 应用生态学报，2011，22(12)：3307-3314.

[6] OLIVEIRA S，Andrade H，Vaz T. The cooling effect of green spaces as a contribution to the mitigation of urban heat：A case study in Lisbon.BuildingandEnvironment，2011，46 (11)：2186-2194.

[7] 徐丽华，岳文泽. 城市公园景观的热环境效应[J]. 生态学报，2008(04)：1702-1710.

[8] 苏泳娴，黄光庆，陈修治，等. 城市绿地的生态环境效应研究进展 [J]. 生态学报，2011，31(23)：7287-7300.

[9] 肖捷颖，季娜，李星，等. 城市公园降温效应分析——以石家庄市为例[J]. 干旱区资源与环境，2015，29(02)：76-79.

[10] 甘爽，杨艳丽，孙艳玲，王中良. 城市公园对城市热环境的降温效应——以天津市为例[J]. 天津师范大学学报(自然科学版)，2016，36(04)：33-38.

[11] 葛亚宁. 北京城市空间结构对其热环境效应的影响研究[D]. 北京林业大学，2016.

[12] 王帅帅，陈颖彪，千庆兰，等. 城市公园对城市热岛的影响及三维分析——以广州市主城区为例[J]. 生态环境学报，2014，23(11)：1792-1798.

[13] 吕荣芳，王浩，王鹏龙，等. 近 25 年银川市城市化进程中热力景观格局演变分析[J].

干旱区研究,2016, 33(4):860–868.

[14] 孙鹏,韩沐汶,白林波,等. 基于 Landsat TM/ETM 的银川市热岛效应时空变化研究[J]. 水土保持研究, 2014,21(1):290–293.

[15] BARSI J A, SCHOTT J R, HOOK S J, et al. Landsat-8 Thermal Infrared Sensor (TIRS) Vicarious Radiometric Calibration [J]. Remote Sensing,2014,6 (11):11607–11626.

[16] 邬建国. 景观生态学:格局、过程、尺度与等级[M]. 北京:高等教育出版社,2000:99–109.

[17] 仲佳,于慧,刘邵权. 张家口市排污工业点源空间分布格局[J]. 自然资源学报,2020,35(6):1402–1415.

[18] 苏泳娴,黄光庆,陈修治,等. 广州市城区公园对周边环境的降温效应[J]. 生态学报,2010,30(18): 4906–4918.

[19] 冯晓刚,石辉. 基于遥感的夏季西安城市公园"冷效应"研究[J]. 生态学报,2012,32(23):7356–7363.

[20] 贾刘强,邱建. 基于遥感的城市绿地斑块热环境效应研究——以成都市为例[J]. 中国园林, 2009,25(012):97–101.

[21] 孟丹,李小娟,宫辉力,等. 北京地区热力景观格局及典型城市景观的热环境效应[J]. 生态学报,2010,30(13):3491–3500.

[22] 岳文泽, 徐丽华. 城市典型水域景观的热环境效应 [J]. 生态学报,2013,33(06):1852–1859.

第 7 章
银川市城市绿地土壤重金属分布特征及其生态风险评价

城市绿地是城市生态的重要载体，兼具生态环境、人体保健、景观游憩、防灾避难等重要功能（赵靓，2019；徐福银，2014），一般可分为公园绿地、防护绿地、广场绿地、附属绿地以及区域绿地等类型。近年来，随着工业发展以及城市化进程的推进，大量重金属通过工业生产、垃圾焚烧、污水灌溉、农药、化肥的不合理施用、大气降尘和机动车排放等方式释放到绿地土壤中（王幼奇，2016；戴彬，2015；陈海珍，2010）。积累到一定程度，不仅导致土壤质量的退化，影响植被的生长和生物多样性，而且可通过扬尘或手—口直接接触对人体健康造成危害（魏树和，2004；秦娟，2018）。

随着倡导“绿色、高端、和谐、宜居”的城市建设理念，我国对绿地土壤重金属污染的研究越来越多，初始阶段多数学者是将绿地土壤作为一个整体，用传统思路进行某几种重金属的污染评价（杜慧慧，2018；杨泉，2018）。近几年来已有研究者突破传统思路，按照不同功能区或者不同绿地类型进行绿地土壤重金属特征的研究，杨少斌等在 2018 年探讨北京城区绿地土壤重金属污染评价与空间分析，结果表明公园绿地土壤重金属属于轻度污染，道旁绿地、居住绿地和附属绿地均未受到重金属污染；卢德亮等在 2012 年采用野外调查与室内试验分析相结合的方法研究哈尔滨市区不同绿地功能区土壤重金属污染情况，研究表明，污染由重到轻的顺序为工业区绿地>市区公路两旁绿地>松花江沿岸绿地>城市公园绿地>农业用地>森林与苗圃绿地。银川市对于不同类型绿地土壤重金属的分布及生态风险评价还相对较少，因此，本书对银川市不同类型城市绿地土壤 Cr、Ni、Cu、Zn、As、Hg、Cd和 Pb共 8 种重金属进行测试分析，研究其空间分布特征，采用单因子及内梅罗污染指数法和 Hakanson 生态风险指数法对不同绿地土壤重金属的污染状况及生态风险进行评价，为银川市不同类型绿地土壤重金属污染防治与修复提供理论依据，为银川市绿地系统规划提供有益的指导。

7.1 土壤样品采集与测试

为方便采样并确保样品的代表性，研究区土壤样品按照我国《城市绿地分类标准》(CJJ/T85–2017)中绿地类型进行布设，采样点位分布在公园绿地、防护绿地、道路绿地、居住绿地以及生产绿地中。根据研究区地形地貌、绿地利用状况，在综合考虑经济、社会、行政等因素的基础上，利用卫星影像图以及结合实地勘察结果，确定出 32 个公园绿地样点、23 个防护绿地样点、67 个道路绿地样点、42 个居住绿地样点、74 个生产绿地样点，与 2018 年 6—7 月最终累积采集土壤样品 238 个，每个采样点的经纬度均用 GPS 定位（图 7–1）。土壤样品采集使用无污染的用具(如竹勺、木勺等)，刮去地表薄层浮土(<1 cm 即可)，采样深度为 0~20 cm，并去除杂草、草根、砾石、砖块、肥料团块等杂物，尽量避免采集新近搬运的堆积土、垃圾土和明显污染的土壤，选择采集第四系自然土，将采集土样在常温下风干后、装入密封袋中待测。研究区绿地植物种类多以本土树种为主，公园绿地、居住绿地及道路绿地绿化植物以国槐、圆柏、青海云杉、垂柳、玫瑰、马兰花、金银木等为主。防护绿

地绿化植物为国槐、刺槐、沙枣树、丁香、紫藤、爬山虎等。生产绿地为本土树种提供幼苗，多以上述植物种类为主。

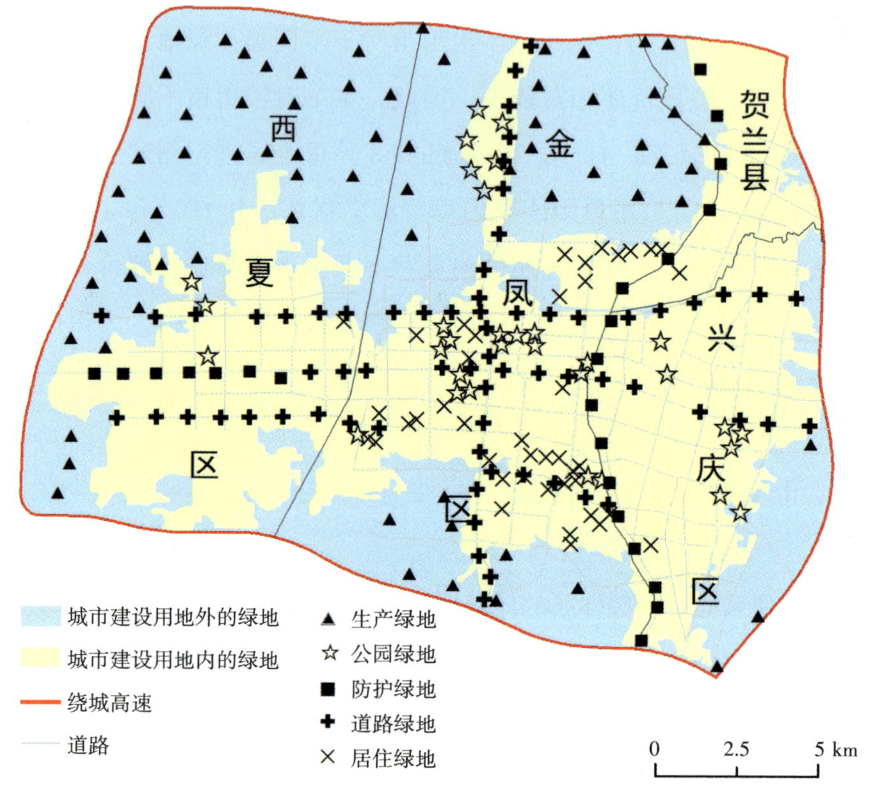

图 7-1　研究区土壤样点分布

采集的土壤样品全部由宁夏地质调查院宁夏地矿中心实验室化验分析，测试过程严格按照《区域地球化学样品分析方法》(DZ/T 0279-2016)进行，其中Cr、Zn 选用 X 射线荧光光谱法(XRF)测定，Cu、Ni、Cd、Pb 选用电感耦合等离子体质谱法(ICP-MS)测定，As、Hg 选用氢化物—原子荧光光谱法(HG-AFS)测定。

7.2 评价标准与研究方法

7.2.1 土壤重金属污染评价

采用单因子污染指数法和内梅罗综合污染指数法评价研究区绿地土壤重金属的污染状况。单因子污染指数法能直接反映土壤中某一种重金属的累积污染程度(张鹏岩,2013),其表达式为:

$$P_i=C_i/S_i \tag{7-1}$$

式中,P_i 为土壤中污染物 i 的污染指数;C_i 为污染物 i 的实测值;S_i 为污染物i 的评价标准。本书选用银川市土壤背景值(成杭新,2014)作为污染评价标准。

内梅罗综合污染指数法可全面反映土壤中各污染物的平均污染水平以及环境质量(周勤利,2019),突出高浓度污染物对土壤环境造成的影响,其计算公式为:

$$P_{综}=\sqrt{\frac{(\overline{P_i})^2+(P_{imax})^2}{2}} \tag{7-2}$$

式中,$P_{综}$为土壤重金属元素的综合污染指数;$\overline{P_i}$为重金属元素的单因子污染指数的平均值;P_{imax} 为重金属元素中单因子污染指数最大值。土壤重金属污染评价分级具体见表7-1。

表 7-1 土壤重金属污染分级标准

等级划分	Ⅰ	Ⅱ	Ⅲ	Ⅳ	Ⅴ
单因子污染指数(P_i)	$P_i≤0.7$	$0.7<P_i≤1$	$1<P_i≤2$	$2<P_i≤3$	$P_i≥3$
内梅罗污染指数($P_{综}$)	$P_{综}≤0.7$	$0.7<P_{综}≤1$	$1<P_{综}≤2$	$2<P_{综}≤3$	$P_{综}≥3$
污染等级	清洁(安全)	尚清洁(警戒限)	轻度污染	中度污染	重污染

7.2.2 生态风险评价

采用 Hakanson 潜在生态风险指数法(Hakanson,1980)评价银川市绿地土壤重金属风险程度,该方法结合土壤重金属含量、生物毒理、环境化学及生态学等方面的内容,是从沉积学角度出发建立的一套评价重金属潜在生态危害的方法(方晓波,2015),计算公式为:

$$C_f^i=C^i/C_n^i \tag{7-3}$$

$$E_r^i=T_r^i\times C_f^i \tag{7-4}$$

$$RI=\sum_{i=1}^{m}E_r^i \tag{7-5}$$

式中,C_f^i 为单项污染系数;C^i 为样品中污染物 i 的实测值;C_n^i 为污染物 i 的参比值,本书采用银川市土壤背景值作为参比值;T_r^i 为污染物 i 的毒性相应系数,各重金属的毒性系数大小分别为Hg=40>Cd=30>As=10>Cu=Ni=Pb=5>Cr=2>Zn=1(徐争启,2008);E_r^i 为污染物 i 的单项潜在生态风险指数;RI 为区域多种重金属综合潜在生态风险指数。Hakanson 对E_r^i 和 RI 的范围进行了划定并确定了详细的污染等级,具体分级见表 7–2。

表 7–2 Hakanson 潜在生态风险等级

风险程度	轻微生态风险	中等生态风险	强生态风险	很强生态风险	极强生态风险
E_r^i	E_r^i<40	40≤E_r^i<80	80≤E_r^i<160	160≤E_r^i<320	E_r^i≥320
RI	RI<150	150≤RI<300	300≤RI<600	RI≥600	

7.3 结果与分析

7.3.1 绿地土壤重金属含量描述性统计

研究区绿地土壤 8 种重金属含量描述性统计见表 7–3。结果显示,Cr、

Ni、Cu、Zn、As、Hg、Cd、Pb 元素的平均含量分别为60.26 mg/kg、25.66 mg/kg、21.17 mg/kg、55.48 mg/kg、11.90 mg/kg、0.04 mg/kg、0.15 mg/kg、22.78 mg/kg，分

表 7-3　不同类型绿地土壤重金属含量

绿地类型	项目	Cr	Ni	Cu	Zn	As	Hg	Cd	Pb
公园绿地	平均值/($mg \cdot kg^{-1}$)	57.12	24.11	19.61	51.54	11.69	0.04	0.13	22.22
	标准差/($mg \cdot kg^{-1}$)	12.28	6.58	6.36	15.26	3.00	0.03	0.05	4.38
	变异系数/%	21.50	27.29	32.43	29.61	25.66	78.95	35.43	19.71
防护绿地	平均值/($mg \cdot kg^{-1}$)	58.06	22.85	18.49	50.70	10.66	0.03	0.14	21.50
	标准差/($mg \cdot kg^{-1}$)	7.18	3.67	3.51	13.52	1.65	0.02	0.05	5.26
	变异系数/%	12.37	16.06	18.98	26.67	15.48	59.38	32.14	24.47
道路绿地	平均值/($mg \cdot kg^{-1}$)	60.55	26.26	21.99	57.27	12.57	0.04	0.16	23.97
	标准差/($mg \cdot kg^{-1}$)	12.37	6.74	6.11	14.92	2.96	0.02	0.06	6.00
	变异系数/%	20.43	25.67	27.79	26.05	23.55	61.54	34.38	25.03
居住绿地	平均值/($mg \cdot kg^{-1}$)	59.80	25.94	21.36	54.93	11.47	0.04	0.13	21.05
	标准差/($mg \cdot kg^{-1}$)	6.83	3.83	3.96	9.82	1.61	0.02	0.03	3.50
	变异系数/%	11.42	14.76	18.54	17.88	14.04	56.76	20.31	16.63
生产绿地	平均值/($mg \cdot kg^{-1}$)	62.29	26.50	21.83	57.37	12.00	0.03	0.18	23.33
	标准差/($mg \cdot kg^{-1}$)	11.76	6.91	6.36	16.33	2.40	0.02	0.06	6.08
	变异系数/%	18.88	26.08	29.13	28.46	20.00	70.59	34.09	26.06
银川市绿地	平均值/($mg \cdot kg^{-1}$)	60.26	25.66	21.17	55.48	11.90	0.04	0.15	22.78
	标准差/($mg \cdot kg^{-1}$)	11.00	6.18	5.77	14.65	2.53	0.02	0.05	5.46
	变异系数/%	18.25	24.08	27.26	26.41	21.26	66.67	35.29	23.97
银川市土壤背景值/($mg \cdot kg^{-1}$)		61.00	25.00	19.00	52.00	11.00	0.02	0.12	19.00
点位超标率/%		48.74	53.78	62.19	57.14	61.34	82.35	70.59	75.21
中国土壤背景值/($mg \cdot kg^{-1}$)		61.00	26.90	22.60	74.20	11.20	0.07	0.10	26.00
点位超标率/%		48.74	43.28	41.60	9.24	60.50	8.40	87.82	23.95

别为银川土壤背景值的0.99、1.03、1.11、1.07、1.08、2.12、1.28、1.20倍，除Cr元素外，其他重金属元素含量平均值均高于银川土壤背景值。Hg、Pb、Cd超出银川土壤背景值的点位率较大分别为82.35%、75.21%、70.59%。Cu、As、Zn、Ni点位超标率分别为62.19%、61.34%、57.14%、53.78%，Cr元素点位超标率不足50%，说明研究区绿地土壤已表现出重金属富集的特征，Hg、Pb、Cd元素最为明显。与中国土壤背景值相比，As和Cd平均含量超过了中国土壤背景值，其他6种元素均未超标。

分析8种重金属元素在不同类型绿地土壤中的平均含量，发现Cr、Ni、Zn、Cd在生产绿地中含量最高，Cu、As、Hg、Pb在道路绿地中含量最高，说明道路绿地和生产绿地土壤中重金属富集现象最严重。与银川市土壤背景值相比较，Cr只在生产绿地中的含量超过了银川土壤背景值，平均值达到62.29 mg/kg；Ni和Zn在道路绿地、居住绿地和生产绿地土壤中的平均值均高于银川市土壤背景值，在公园绿地、防护绿地土壤中未超标；Cu和As除了在防护绿地中处于安全状态，在其他4种绿地类型中的平均含量均超标；Hg、Cd、Pb在5种绿地类型中的平均含量均已超过了银川土壤背景值，形势严峻。

变异系数可以表征土壤重金属含量的波动、离散情况以及受人为活动影响的程度，其值越大，说明受人类活动干扰越强烈（罗成科，2018）。根据林俊杰等（林俊杰，2011）对变异程度的分类，研究区8种重金属变异系数大小顺序为Hg>Cd>Cu>Zn>Ni>Pb>As>Cr，其中Hg、Cd变异系数分别为66.67%、35.29%，为强变异，其他重金属变异系数均属于中等变异。在不同绿地类型上，各元素高变异的有公园绿地中的Cu、Hg和Cd，防护绿地、道路绿地、生产绿地中的Hg和Cd，居住绿地中的Hg，由此可知，这些元素在不同绿地土壤重受人类活动干扰强烈。

7.3.2 绿地土壤重金属空间分布特征

利用SPSS 16.0软件对研究区绿地土壤重金属含量进行K–S正态分布

检验，结果显示 Cr、Ni、Cu、Zn、As 符合正态分布，Hg 对数转换后符合正态分布，Cd 和 Pb 既不符合正态分布又不符合对数正态分布(表 7–4)。在此检验的基础上，采用 ArcGIS 10.7 软件对各重金属含量进行克里金插值分析，其中 Hg 元素在插值前进行了对数转换处理，Cd、Pb 只对其进行了分级符号显示(图 7–2)。

表 7–4　绿地土壤重金属元素 K–S 正态分布检验结果

项目	Cr	Ni	Cu	Zn	As	Hg	Cd	Pb
正态分布 sig(2–tailed)	0.062	0.095	0.454	0.483	0.303	0	0	0
对数转换 sig(2–tailed)						0.913	0.002	0

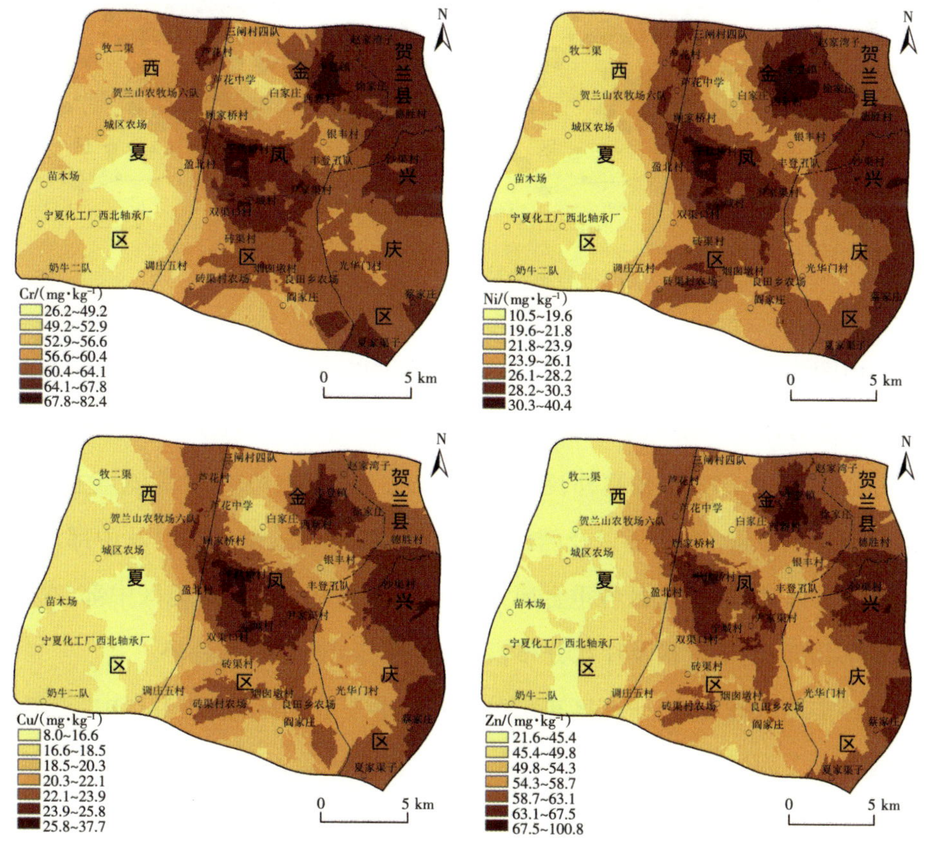

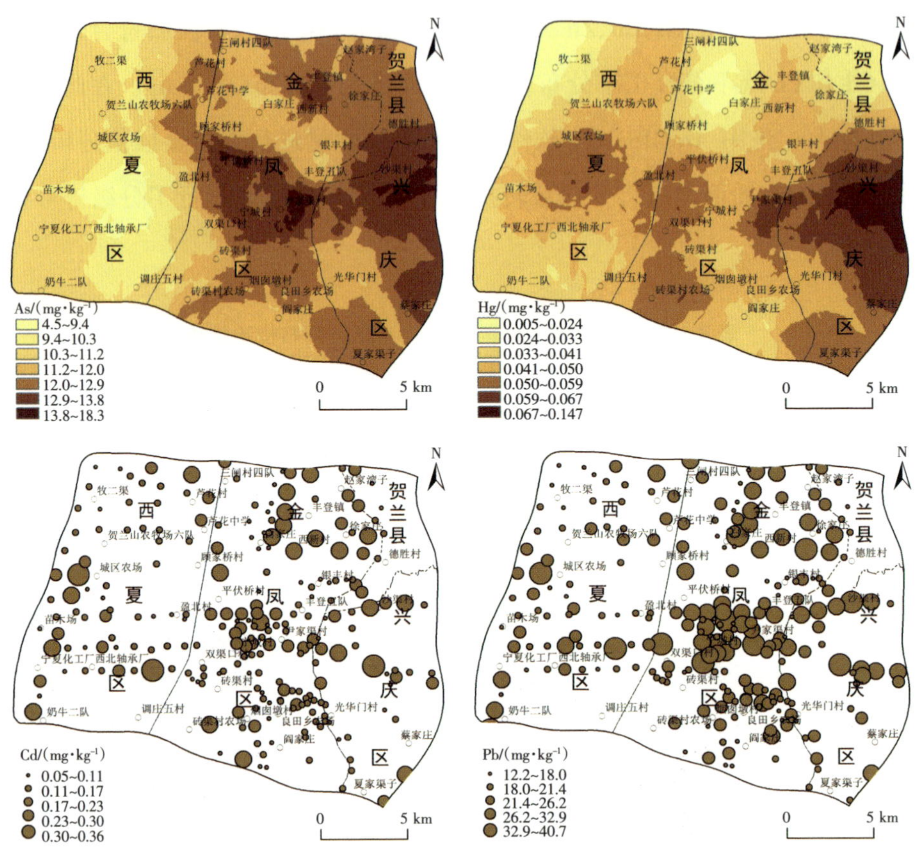

图 7-2　银川市城市绿地土壤各重金属含量空间分布

由图 7-2 可知，Cr、Ni、Cu、Zn、As 有相似的空间分布特征，在研究区东部和东北部方向上呈现出重金属偏高现象，同时在中部含量也较高；Hg 除了在研究区东部、中部含量较高外，在西部也出现了富集趋势。Cd 高值点主要分布在研究区东部、东北部以及西部；Pb 在研究区东部、东北部以及中部浓度较高。总体来说，研究区各重金属含量高值区主要分布在研究区中部、东部以及东北部，呈条带状及片状分布，表现出由东向西递减的趋势。

经实地调查发现，研究区东部分布着德胜工业园区，工业生产中“三废”排放导致了附近道路绿地土壤中的重金属富集现象，这与冯亚亮 2017 年、王幼奇 2016 年等的研究一致。研究区东北方向上丰登镇附近建有牛场等农场，Cu、As、Cr、Zn、Ni 等重金属会随畜禽粪尿排出（周勤利，2015）从而造成附近生产绿地土壤重金属超标。研究区中部以及东部，人口、火车站、大型商业区、企业以及产业园集中，能源消耗及排污量也较大，从而造成周围公园绿地、居住绿地、道路绿地土壤中重金属浓度较高。

7.3.3 绿地土壤重金属污染评价

以银川市土壤背景值作为评价标准计算出各重金属的污染指数，从单因子污染指数来看，Cr 单因子污染指数为 0.99，为警戒水平；Hg 单因子污染指数P_i 值为 2~3，属于中度污染；其他元素单因子污染指数 P_i 值为 1~2，属于轻微污染。不同重金属污染程度依次为Hg>Cd>Pb>Cu>As>Zn>Ni>Cr（表 7-5）。

表 7-5 不同类型绿地土壤重金属污染指数

绿地类型	P_i								$P_{综}$
	Cr	Ni	Cu	Zn	As	Hg	Cd	Pb	
公园绿地	0.94	0.96	1.03	0.99	1.06	2.26	1.06	1.17	1.906
防护绿地	0.95	0.91	0.97	0.98	0.97	1.86	1.17	1.13	1.596
道路绿地	0.99	1.05	1.16	1.10	1.14	2.30	1.33	1.26	1.927
居住绿地	0.98	1.04	1.12	1.06	1.04	2.16	1.06	1.11	1.775
生产绿地	1.02	1.06	1.15	1.10	1.09	2.02	1.46	1.23	1.784
平均值	0.99	1.03	1.11	1.07	1.08	2.14	1.27	1.20	1.820

通过 $P_{综}$可知，不同类型绿地污染指数均为 1~2，属于轻度污染。污染程度由重到轻依次为道路绿地>公园绿地>生产绿地>居住绿地>防护绿地。道路绿地受重金属污染程度最重，公园绿地次之。

7.3.4 绿地土壤重金属生态风险评价

应用 Hakanson 潜在生态风险指数法，以银川市土壤背景值作为参比值，计算研究区不同绿地土壤中各重金属元素的潜在生态风险指数及其分级情况（表 7–6）。

表 7–6　不同类型绿地土壤重金属生态风险指数

绿地类型	单项潜在生态风险指数(E_r^i)								综合潜在生态风险指数(RI)	风险分级
	Cr	Ni	Cu	Zn	As	Hg	Cd	Pb		
公园绿地	1.87	4.82	5.16	0.99	10.63	90.40	31.69	5.85	151.41	中等
防护绿地	1.90	4.57	4.87	0.98	9.69	74.53	35.01	5.66	137.21	轻微
道路绿地	1.99	5.25	5.79	1.10	11.43	92.07	39.82	6.31	163.76	中等
居住绿地	1.96	5.19	5.62	1.06	10.42	86.22	31.71	5.54	147.72	轻微
生产绿地	2.04	5.30	5.74	1.10	10.91	80.61	43.94	6.14	155.78	中等
平均值	1.98	5.13	5.57	1.07	10.81	85.55	38.11	6.00	154.22	中等

从重金属平均单项潜在生态风险指数 E_r^i 来看，研究区 8 种重金属潜在生态风险大小顺序为Hg>Cd>As>Pb>Cu>Ni>Cr>Zn。As、Pb、Cu、Ni、Cr、Zn 生态风险指数分别为 10.81、6.00、5.57、5.13、1.98、1.07，均属于轻微生态风险，其中 Cr、Zn 单项潜在生态风险指数E_r^i平均值均小于 2，危害程度最小；Cd的生态风险平均值为 38.11，即将超过轻微生态风险临界值，需引起重视；Hg的潜在生态风险指数最大达到了 85.55，属于强生态风险。在不同绿地类型中，Cr、Ni、Cu、Zn、Pb 在 5 种绿地类型中的E_r^i均小于 40，属于轻微生态风险级别；Cd 在生产绿地中的E_r^i 值大于 40，属于中等生态风险，在其他绿地中均属于轻微生态风险；Hg 在防护绿地中属于中等生态风险，在公园绿地、道路绿地、居住绿地以及生产绿地中均属于强生态风险级别。说明 Hg 元素是研究区绿地土壤中最主要的生态风险元素，重金属中 Hg 的毒性是最强的，Hg 污染对土壤、农作物、人体和经济都有严重的影响，因此要加强 Hg 污染的重视。

整个研究区绿地土壤重金属综合潜在生态风险指数（RI）范围为 45.95~414.72，平均值为 154.22。在此基础上，绘制银川市绿地土壤重金属综合潜在生态风险分布图(图 7-3),可知研究区重金属综合潜在生态风险级别主要为轻微生态风险、中等生态风险以及小范围强生态风险。呈中等生态风险的区域呈不规则块状分布在研究区内。呈强生态风险的区域在研究区东部和西部小范围内分布,分布特征与 Hg 元素的空间分布相似性很大,风险指数高值区主要来自 Hg 元素的贡献,进一步证实 Hg 是研究区最主要的生态风险元素。

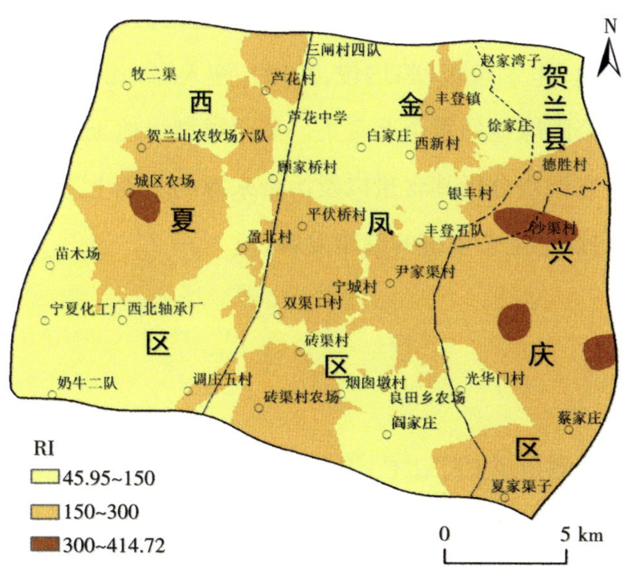

图 7-3　银川市绿地土壤重金属综合潜在生态风险指数分布

从不同绿地类型上来看,土壤重金属综合潜在生态风险指数 RI 大小排序为道路绿地>生产绿地>公园绿地>居住绿地>防护绿地,其中道路绿地、生产绿地和公园绿地 RI 值分别为 163.76、155.78、151.41,介于 150~300,处于中等生态风险,居住绿地和防护绿地 RI 值均小于 150,处于轻微生态风险。上述结果表明,研究区道路绿地的污染及风险程度最大,这与冯亚亮等在 2017 年的研究结论一致,污染物主要来源于交通运输,机动车尾气排放以及车身、轮胎与地面摩擦都会释放出大量 Pb、Zn 和 Cd 等重金属(Fakayode, 2003),汽车油漆掉落亦可能在一定程度上对绿地土壤中 Hg 的含量产生影响(王秋丽,2016)。生产绿地和公园绿地中重金属的生态风险仅次于道路绿地,也需引起关注。生产绿地是为城市绿化提供苗木、花草、种子的圃地,污染源主要受农药和化肥不合理的使用(骆斌,2011)、污水灌溉、周边养殖场(王秋丽,2016)的影响,大量使用塑料薄膜(秦鹏,2014)也会造成重金属污染。研究区公园绿地中重金属变异系数最大,说明公园绿地受人类活动干扰强烈,公园绿地周围一般为交通道路、居民区以及商业建筑,建筑装饰材料的风化产物是土壤中 Pb 累积的重要来源(乔雪,2019),居民随意丢弃的无用的金属包装盒、电子垃圾(郭培俊,2019),施入绿地的化肥、杀虫剂、除草剂等都会造成公园绿地的重金属富集。不同类型绿地土壤重金属污染来源有所不同，应在调查分析其含量以及污染来源的基础上进行针对性的防护与治理,以促进绿地生态系统的健康发展。

7.4 小结

本书在分析测定了 Cr、Ni、Cu、Zn、As、Hg、Cd 和 Pb 含量的基础上，利用单因子、内梅罗污染指数法和 Hakanson 潜在生态风险指数法对不同绿地土壤重金属的污染程度和潜在生态风险进行了评价，掌握了银川市城市绿地土壤重金属的空间分布特征及其生态风险状况,结果表明:

(1)研究区绿地土壤中除 Cr 元素外,其他 7 种重金属元素含量平均值均超过了银川市土壤背景值,其中 Hg、Cd、Pb 超标严重,点位超标率分别为 82.35%、75.21%、70.59%。不同绿地类型中,道路绿地和生产绿地土壤中重金属富集最严重,Cu、As、Hg、Pb 在道路绿地中含量最高,Cr、Ni、Zn、Cd 在生产绿地中含量最高。

(2)受工业生产、交通运输、商业活动、养殖场畜禽粪便的施用等人类的活动的影响，各重金属元素在研究区呈现出明显的条带状及片状空间分布特征,高值区主要集中在研究区中部、东部以及东北部。

（3）8 种重金属在研究区的污染程度依次为Hg>Cd>Pb>Cu>As>Zn>Ni>Cr，Hg 污染属于中度污染，其他重金属元素均属于轻微污染或警戒水平。5种绿地类型均属于轻度污染，污染程度为道路绿地>公园绿地>生产绿地>居住绿地>防护绿地。

（4）研究区绿地土壤总体处于中等生态风险，5 种绿地土壤重金属综合潜在生态风险指数（RI）为道路绿地>生产绿地>公园绿地>居住绿地>防护绿地，其中道路绿地、生产绿地和公园绿地均处于中等生态风险，居住绿地和防护绿地处于轻微生态风险。8 种重金属元素单项潜在生态风险指数平均值大小顺序为Hg>Cd>As>Pb>Cu>Ni>Cr>Zn，Hg 达到了强生态风险级别，是最主要的生态风险元素，应引起重视。

随着城市化进程的加快，目前银川市绿地土壤环境受到一定程度的污染，今后应加强绿地土壤检测以及重金属污染防治和修复。

参考文献

[1] 赵靓，梁云平，陈倩，等. 北京市城市绿地土壤重金属空间分布特征、污染评价及来源解析[J]. 环境科学，2019(5)：1-13.

[2] 徐福银，胡艳燕. 重庆市不同功能区城市绿地土壤重金属分布特征与评价[J]. 土壤通报，2014，45(1)：227-231.

[3] 王幼奇，白一茹，王建宇. 基于 GIS 的银川市不同功能区土壤重金属污染评价及分布特征[J]. 环境科学，2016，37(2)：710-716.

[4] 戴彬，吕建树，战金成，等. 山东省典型工业城市土壤重金属来源、空间分布及潜在生态风险评价[J]. 环境科学，2015，36(2)：507-515.

[5] 陈海珍，龚春生，李文立，等. 广州市不同功能区土壤重金属污染特征及评价[J]. 环境与健康杂志，2010，27(8)：700-703.

[6] 魏树和，周启星. 重金属污染土壤植物修复基本原理及强化措施探讨[J]. 生态学杂志，2004，23(1)：65-72.

[7] 秦娟，许克福. 我国城市绿地土壤质量研究综述与展望[J]. 生态科学，2018，37(1)：200-210.

[8] 杜慧慧. 银川市城市绿地土壤重金属污染评价[J]. 宁夏工程技术,2018,17(4):56-59.

[9] 杨泉,陈明,胡兰文,等. 赣州市绿地土壤重金属污染特征及评价[J]. 土壤通报,2018,49(1):159-166.

[10] 杨少斌,于鑫,孙向阳,等. 北京城区绿地土壤重金属污染评价与空间分析[J]. 生态环境学报, 2018, 27(5):933-941.

[11] 卢德亮,乔璐,陈立新,等.哈尔滨市区绿地土壤重金属污染特征及植物富集[J]. 林业科学,2012,48(8): 16-24.

[12] 中华人民共和国国土资源部. 区域地球化学样品分析方法 DZ/T0279.1-2016—DZ/T0279.34-2016[S]北京,中国地质大学出版社,2016.

[13] 张鹏岩,秦明周,陈龙,等. 黄河下游滩区开封段土壤重金属分布特征及其潜在风险评价[J]. 环境科学,2013,34(9):3654-3662.

[14] 成杭新,李括,李敏,等. 中国城市土壤化学元素的背景值与基准值[J]. 地学前缘,2014,21(3):265-306.

[15] 周勤利,王学东,李志涛,等.宁夏贺兰县土壤重金属分布特征及其生态风险评价[J]. 农业资源与环境学报,2019,36(4):513-521.

[16] Hakanson L. An ecological risk index for aquatic pollution control:a sediment ecological approach[J]. Water Research, 1980,14(8):975-1001.

[17] 方晓波,史坚,廖欣峰,等. 临安市雷竹林土壤重金属污染特征及生态风险评价[J]. 应用生态学报, 2015,26(6):1883-1891.

[18] 徐争启,倪师军,庹先国,等. 潜在生态危害指数法评价中重金属毒性系数计算[J]. 环境科学与技术, 2008,31(2):112-115.

[19] 罗成科,张佳瑜,肖国举,等. 宁东基地不同燃煤电厂周边土壤 5 种重金属元素污染特征及生态风险[J]. 生态环境学报,2018,27(7):1285-1291.

[20] 林俊杰,王云智,陈国祥,等. 万州老城区楼顶菜地土壤重金属污染特征[J]. 环境科学研究,2011, 24(6):679-683.

[21] 冯亚亮, 张明鑫. 银川市区城市表层土壤 6 种有害重金属分布规律及其来源分析[J]. 国外医学:医学地理分册,2017,38(4):321-324.

[22] Fakayode S O, Olu-Owolabi B I. Heavy metal contamination of roadside topsoil in Osogbo, Nigeria: its relationship to traffic density and proximity to highways [J]. Environmental Geology, 2003,44(2):150-157.

[23] 王秋丽. 畜禽养殖导致土壤重金属污染现状及对策 [J]. 现代农业科技,2016(11):245-245.

[24] 骆斌,罗晓梅,张美,等. 城市绿地重金属污染模糊综合评价[J]. 西南农业学报,2011,24(3):1009-1012.

[25] 秦鹏,阮丽,包跃跃,等. 城市土壤重金属污染来源研究[J]. 环境科学与管理,2014,39(12):38-41.

[26] 乔雪,邓琳,王今雨,等. 齐齐哈尔市主城区城市绿地土壤重金属来源解析与健康风险评价[J]. 土壤通报,2019,50(1):217-225.

[27] 郭培俊,杨菁. 重金属污染土壤的修复与防治研究[J]. 科技资讯,2019,17(3):93-94.

第 8 章
结论与展望

随着中国城市化进程的不断推进，建设生态城市与低碳城市的浪潮不断掀起,生态城市规划已成为当前城市规划的热点。而城市化所带来的大规模土地利用/土地覆盖景观格局的变化，是一种典型的人地系统相互作用的过程,具有极为重要的自然与社会经济文化生态意义。本研究以银川市作为案例，选取城市生态环境研究中最为重要的研究内容之一——城市热环境为主要研究内容,利用遥感和地理信息系统,在对卫星遥感反演参数的精度和可靠性充分验证的基础上,分析研究区 28 年间土地利用、植被覆盖度、城市扩展以及城市热环境的时空演变特征，探讨区域热环境变化及其影响因素之间的响应关系,研究城市公园对城市热环境的降温效应,从而为有关部门进行生态城市规划、城市可持续发展与环境保护等提供科学的决策依据。

8.1 主要工作及结论

(1)本研究首先对城市热环境研究的历史和现状进行了回顾和总结,在详尽了解国内外学者如何利用地面观测和卫星遥感数据进行城市热环境研究方法和成果的基础上，对银川市城区热环境研究的现状和存在问题进行分析，提出了本研究的研究内容和技术方法。此外，概述了研究中使用的各种数据的类型和使用方法并介绍了研究区概况。

（2）基于 Landsat 遥感数据，反演了 1989 年、1999 年、2010 年和 2017 年 4 个时期银川市城区的地表温度，分析了 28 年间区域热环境变化的时空演变特征，对不同时期热环境变化进行了监测，探讨不同时期的土地利用变化以及其与*LST*变化在空间上的关联性，掌握各土地利用类型对热环境的贡献度，构建基于土地利用类型的 TVX 空间变化轨迹，结果显示，①1989—2017 年，城市热岛比例指数（*URI*）整体呈上升趋势，热环境呈现出西部地表温度整体高于东部的特征，热岛区域逐渐集中分布于城市建成区。②4 个年份的未利用土地和草地面积逐年减少，而城乡工矿居民用地面积逐年增加且保持较高增长速度。耕地、水域、城乡工矿居民用地和未利用土地对银川市城区热环境贡献较大，草地和林地相对贡献较小。城乡工矿居民用地和未利用土地为城市热环境的源景观，耕地和水域则为汇景观。③植被覆盖度总体表现出东部相对较高、西部较低的特点，28 年间研究区植被覆盖度较高且整体呈现减小趋势，植被表现为退化—恢复—退化的变化过程，不同时期的地表温度与植被覆盖度呈负相关关系。④1989 年，植被覆盖度较高的耕地、林地和草地在TVX 空间的西北角，但却对应着较低的地表温度。2017 年，不同土地利用类型的运动轨迹逐渐趋于同一个方向，被占用的土地利用类型慢慢沿斜线方向向东南角运动，表现出植被覆盖度不断减少而地表温度却迅速上升的特点。

（3）研究基于多源遥感数据，提取了 4 个时期银川市城市建成区的范围，深入分析了 28 年间城市建成区扩展及热环境变化的时空演变特征，定量研究了城市扩展与热环境变化、热岛与下垫面的关系，采用景观分析法探讨了不同时期不同类型热力景观的动态变化特征，并深入分析了银川市城区热环境变化的原因，结果显示，①1989—2017 年，银川市城市建成区扩展面积达506.13 km^2，呈现出缓慢扩展（1989—1999 年）、快速扩展（1999—2010

年）和稳步扩展（2010—2017 年）的阶段性特征；建成区紧凑度指数先下降后上升、整体呈上升趋势，分维数总体为下降趋势，城市空间形态趋于紧凑化，向着稳定状态发展；城市整体向东部和北部扩展，重心整体向东北方向迁移约 5.54 km。②研究区热岛范围随着城市扩展不断扩大，热岛强度逐渐向较高温区转移，城市的热岛效应得到缓解；热岛空间分布显示，热岛逐渐由兴庆区老城区蔓延至贺兰县和西夏区，且兴庆区热岛逐渐演化为相互独立的小次级热岛，强度有所降低；28 年间银川市城市热岛比例指数（*URI*）表现出先上升后下降的特征，整体呈上升趋势。③热岛区域在空间分布和扩展方向上与城市扩展具有较高的一致性。4 个年份的 *LST* 和 *IBI* 呈正相关，*LST* 与 *SAVI* 呈负相关关系。城镇用地、公交建设用地和裸地能促进地表温度升高，而草地和水体能够降低地表温度，公园绿地和水体能有效缓解城市热岛效应，且水体对降低城市地表温度的效果要好于公园绿地。④1989—2017 年，各热力景观成分团聚程度降低、破碎度增加，均匀度、丰富度不断增高，使各热力景观类型的空间分布发生明显改变，尤其是较高温、高温和特高温区热力等级的类型，从城市中心迅速向四周扩散，从而使整个城市的热环境格局发生了显著变化。⑤银川市城区常住人口的大幅增长、GDP 的快速增长以及城市建城区面积的持续扩展是研究区热环境变化的主要因素，气温对银川市城市热岛效应的强度有一定的增强作用。

（4）本研究以银川市 17 个公园为研究对象，利用景观格局和缓冲区分析方法，掌握公园热环境效应的整体空间分布特征，探讨银川市城市公园斑块特征和景观空间结构特征对其内部热环境的影响，定量分析了公园对周边降温影响范围和幅度，并进一步研究了典型公园水域景观热环境效应，主要结论有，①17 个公园景观斑块面积、周长和周长面积比差异明显，公园景观斑块特征对其内部温度影响明显，其内部温度与面积、周长呈显著负相关，而与周长面积比呈显著正相关。②公园内部温度与公园景观构成关系密切，降温效应与绿地和水体面积显著负相关，此外斑块形态特征和景观空间分布特征也是其重要的影响因素，公园冷岛效应与公园景观形状指数、绿地景观形状指数、不透水面形状指数以及水体聚集度指数显著相关。③17个公园景观对周边热环境降温效果较为显著，拟合结果显示，所选公园最大降温影响距离主要分布在200~300 m，总体上公园对内部及周边100 m区域范围内降温效果最为明显。④面状水域能够有效降低水域周边地表温度，水域面积、所处位置和水域周围区域的下垫面类型是降温效果的重要影响因素，面状水域比线状水域对城市热岛效应具有更好的降温效果。

（5）本研究利用单因子、内梅罗污染指数法和Hakanson潜在生态风险指数法，对不同绿地土壤重金属的污染程度和潜在生态风险进行了评价，掌握了银川市城市绿地土壤重金属的空间分布特征及其生态风险状况，结果显示，①研究区绿地土壤中除Cr元素外，其他7种重金属元素含量平均值均超过了银川市土壤背景值。不同绿地类型中，道路绿地和生产绿地土壤中重金属富集最严重，Cu、As、Hg、Pb在道路绿地中含量最高，Cr、Ni、Zn、Cd在生产绿地中含量最高。②受工业生产、交通运输、商业活动、养殖场畜禽粪便的施用等人类的活动的影响，各重金属元素在研究区呈现出明显的条带状及片状空间分布特征，高值区主要集中在研究区中部、东部以及东北部。③8种重金属在研究区的污染程度依次为Hg>Cd>Pb>Cu>As>Zn>Ni>Cr，Hg污染属于中度污染，其他重金属元素均属于轻微污染或警戒水平。④研究区绿地土壤总体处于中等生态风险，5种绿地土壤重金属综合潜在生态风险指数（RI）为道路绿地>生产绿地>公园绿地>居住绿地>防护绿地。8种重金属元素单项潜在生态风险指数平均值大小顺序为Hg>Cd>As>Pb>Cu>Ni>Cr>Zn，Hg达到了强生态风险级别，是最主要的生态风险元素，应引起重视。

8.2 研究展望

本研究是在大量数据的支持下从事的研究工作，首次对银川市城区开展基于多源遥感数据的区域热环境的空间分布及其时空演变特征研究以及银川市城市公园对城市热环境降温效应的研究，探讨土地利用和植被与区域热环境的响应关系并掌握区域热环境时空格局的形成机制，但仅仅是对银川市城市热环境变化的初步分析。在该研究领域,仍然有大量有待进一步深入分析研究的问题及工作。本研究虽然取得了一定的成果,但仍存在如下不足之处：

(1)在使用卫星遥感数据进行城市热环境的研究过程中,缺乏深入定量化的机理分析，而作为真正从物理机制上进行大气热环境研究的边界层模型模拟,暂时还无法与卫星遥感所得地表城市热环境直接关联,极大地限制了卫星遥感所得结果的使用范围。

(2)受遥感数据分辨率影响,城市下垫面普遍存在混合像元,区域地表温度反演、土地利用分类和植被覆盖度的提取精度均受到影响。

(3)地表实际验证的气象数据很难获得,因此在地表温度反演的精度验证时,只能利用空间分辨率相对较低的 MODIS 数据,对结果也有一定的影响。

通过本研究的开展，我们深深认识到，想要切实掌握城市热环境的发生、发展、变化过程及其与影响因子之间的规律,还要进行大量工作。在未来的工作中,可以着重加强以下几个方面的工作：

(1)加强卫星遥感反演地表参数与边界层数值模式的结合。

(2)获取更多的白天、夜间的遥感数据,积累更多城市各种下垫面地表温度的日变化数据。

(3)加强卫星遥感地表温度的反演及验证工作,特别是解决在城市区域复杂下垫面情况下非同温混合像元及大气下行辐射的不均一问题。